山西大学建校 110 周年学术文库

# 汉语框架网络本体研究

## A Study of Chinese FrameNet Ontology

贾君枝　邰杨芳　刘艳玲　郭丹丹　著

科学出版社

北　京

# 内 容 简 介

本书主要探讨了汉语框网络本体的构建方法及理论，并对本体在语义 Web 的应用做了相应研究，希望借此研究深化本体与语义 Web 在国内的应用发展。全书共分为六章，具体内容包括语义 Web 与本体，目前常用的词汇本体 WordNet、VerbNet、HowNet、FrameNet，汉语框架网络本体的构建，本体的集成研究，基于汉语框架网络本体的语义检索研究，本体的评估等。本书注重理论与实践研究的统一，提供了丰富的参考文献，以方便读者准确地把握、理解相关专业知识。

本书可作为高等院校信息管理、图书馆学、情报学专业的研究生教材或教学参考书，也可供各类与信息资源处理相关的机构或部门的工作人员学习参考使用。

**图书在版编目 ( CIP ) 数据**

汉语框架网络本体研究/贾君枝等著 . —北京：科学出版社，2012. 5
（山西大学建校 110 周年学术文库）
ISBN 978-7-03-034004-7

Ⅰ.①汉… Ⅱ.①贾… Ⅲ.①汉语-知识库系统-研究 Ⅳ.①TP311.13

中国版本图书馆 CIP 数据核字 （2012） 第 065700 号

责任编辑：郭勇斌 邹 聪 程 凤/责任校对：张怡君
责任印制：李 彤/封面设计：李恒东 无极书装
编辑部电话：010-64035853
E-mail：houjunlin@ mail. sciencep. com

斜 学 虫 版 社 出版
北京东黄城根北街 16 号
邮政编码：100717
http://www.sciencep.com

**北京厚诚则铭印刷科技有限公司** 印刷
科学出版社发行 各地新华书店经销

*

2012 年 5 月第 一 版 开本：B5 （720×1000）
2023 年 4 月第五次印刷 印张：14 1/4
字数：280 000
定价：68. 00 元
（如有印装质量问题，我社负责调换）

# 总　序

2012 年 5 月 8 日，山西大学将迎来 110 年校庆。为了隆重纪念母校 110 年华诞，系统展现近年来山西大学创造的优秀学术成果，我们决定出版这套《山西大学建校 110 周年学术文库》。

山西大学诞生于"三千年未有之变局"的晚清时代，在"西学东渐，革故鼎新"中应运而生，开创了近代山西乃至中国高等教育的先河。百年沧桑，历史巨变，山西大学始终与时代同呼吸，与祖国共命运，进行了可歌可泣的学术实践，创造了令人瞩目的办学业绩。百年校庆以来，学校顺应高等教育发展潮流，以科学的发展理念引领改革创新，实现了新的跨越和腾飞，逐步成长为一所学科门类齐全、科研实力雄厚的具有地方示范作用的研究型大学，谱写了兴学育人的崭新篇章，赢得社会各界的广泛赞誉。

大学因学术而兴，因文化而繁荣。山西大学素有"中西会通"的文化传统，始终流淌着"求真至善"的学术血脉。不论是草创之初的中西两斋，还是新时期的多学科并行交融，无不展现着山大人特有的文化风格和学术气派。今天，我们出版这套丛书，正是传承山大百年文脉，弘扬不朽学术精神的身体力行之举。

《山西大学建校 110 周年学术文库》的编撰由科技处、社科处组织，将我校近 10 年来的优秀科研成果辑以成书，予以出版。我们相信，《山西大学建校 110 周年学术文库》对于继承与发扬山西大学学术精神，对于深化相关学科领域的研究，对于促进山西高校的学术繁荣，必将起到积极的推动作用。

谨以此丛书献给历经岁月沧桑、培育桃李芬芳的山大母校，祝愿母校在新的征程中继往开来，永续鸿猷。

郭贵春

二〇一一年十一月十日

# 前　言

2004 年年底，笔者与山西大学计算机学院刘开瑛教授相识，被他孜孜不倦的科研精神感染，参与到其研究团队中，开始真正与 FrameNet（框架网络）结缘，并被框架语义思想吸引。随着了解的逐步深入，笔者迫切地觉得有必要设计 FrameNet 的汉语版本，因此和刘开瑛教授，以及上海师范大学，山西大学计算机学院、数学学院、管理学院等许多单位的同事一起，参与到汉语框架网络本体的构建过程中。从最初关于 FrameNet 的体验感受，到最终着手建设汉语框架网络知识库，经历了一年多时间。当时语义 Web 及本体论思想已基本成熟，出现了许多著名的本体及本体构建理论；随着 FrameNet 版本的更新，FrameNet 已开始逐步向本体靠近，研究者着手丰富语义关系的研究，并用 OWL（Web Ontolgy Language，网络本体语言）描述框架库及例句库，建立与 SUMO（建议顶层共用知识本体）的映射。这些信息告诉我们，FrameNet 不是单纯的计算机词典，而是一个计算机形式化描述的语义 Web 词典。它将若干个词元以框架为单元组织成概念，通过丰富框架关系建立概念间的关系，借助框架元素表示概念的属性。FrameNet 涉及医疗、通信、法律、认知等许多领域，考虑到如果完全作 FrameNet 汉化，需要有各类专业人士参与，尤其是例句标注方面，需要投入大量的人力与物力。由于各方面的条件有限，我们决定选择特定领域，并致力于其应用实践研究，在该领域专家的支持下，着手汉语框架网络知识库的构建。山西大学管理学院选择法律领域，并邀请太原市检察院刘建刚、姜忠市检察官，山西大学管理学院孙丽娜老师，负责法律框架的描述；山西大学刘开瑛教授带领的团队所设计的分词软件、框架语义标注规则、半自动语义标注系统为我们开展工作提供了极大的便利；笔者带领的团队应用本体构建理论，着手构建汉语框架网络本体体系，研究语义关系、本体语义类型，提出构建方法，采用 OWL 手工描述，研究数据库到 OWL 文档的自动生成，并考虑汉语框架网络本体与其他本体的集成等问题，研究将框架网络资源作为本体库运用到语义检索实践中，以突破关键词检索的局限性，实现概念层面的检索。这些研究成果的取得得益于及时地追踪 FrameNet 的研究成果和研究者不懈的努力，旨在借此研究深化本体与语义 Web 在国内的应用发展。

本书共分为六章，第一章语义 Web 与本体，描述了语义 Web 的发展历程、特点，以及本体的概念、类型、构建原则及方法，对语义 Web 表示语言——XML（Extensible Markup Language，可扩展标记语言）、RDF（Resource Description

Framework，资源描述框架）、OWL 的特点及语法作了介绍。第二章目前常用的词汇本体，为更好地深入了解 FrameNet，我们对与其相似的其他词汇本体 WordNet、VerbNet 作对比研究，从理论基础、组织结构、语义关系、应用范围层面对这些词汇本体进行具体分析，以明确其各自的理论依据、特点及应用领域。第三章汉语框架网络本体的构建，提出了针对该本体的具体构建方法，并依此方法指导本体建设实践，同时，为实现对本体进行管理与维护、对语料进行管理及分析，我们设计开发了本体管理系统、语料库管理系统。第四章本体的集成研究，探讨汉语框架网络本体、WordNet、VerbNet、SUMO、同义词词典集成问题，旨在利用其他本体的研究成果，通过映射实现汉语框架网络本体的词汇、语义类型的扩展，实现本体之间的重用与共享。第五章基于汉语框架网络本体的语义检索研究，研究基于汉语框架网络本体资源实现对资源库的框架语义标注及对用户检索提问的语义解析和语义匹配问题，在检索实践中运用汉语框架网络本体提高对资源的检索效率。第六章本体的评估，论述了当前本体评估方法及知名的评估工具，制定了一套本体构建的评估指标体系，并利用所构建的评估工具对该体系进行了有效性测试。

　　本书是国家社会科学基金项目"汉语框架网络知识本体构建研究"（06CTQ004）的研究成果，是研究团队几年来辛勤劳动的结晶。山西医科大学的邰杨芳老师承担了语义检索研究任务，山西中医学院刘艳玲助理馆员承担了本体评估任务，太原科技大学郭丹丹助理馆员承担了本体构建的任务，参与本书编写的还有毛海飞、董刚、董文清、韩笑、卫荣娟、罗林强、赵文娟、牛亚楠、王永芳，在此对所有团队成员表示感谢。同时，本书也得到了胡昌平教授、刘开瑛教授的关心与支持。感谢山西大学的领导与同事的关心与帮助，感谢默默支持笔者的家人，笔者将拥有这些爱继续前行。

　　由于笔者水平有限，书中疏漏在所难免，敬请读者批评指正。

贾君枝<br>
2011 年 10 月

# 目　　录

# 第一章　语义 Web 与本体

互联网的迅速发展导致信息量呈指数级式增长，但由于 Web（World Wide Web，万维网）页面的无结构性、超链接的自由无序及其搜索引擎智能性不高等缺点，信息查准率和查全率相对较低，人们往往难以获取自己所需的信息。这在较大程度上源于现有搜索引擎基本采用关键字匹配办法，计算机不能理解概念，无法进行语义关联和推理。因此，伯纳斯·李（Tim Berrers-Lee）于 2000 年 10 月 18 日在 XML2000 会议上正式提出语义 Web（Semantic Web）的概念，并随着 2001 年 2 月万维网联盟（World Wide Web Consortium，W3C）组织正式推出语义 Web 活动，网络环境下的语义 Web 进入网络研究发展的主流。在语义 Web 的体系结构中，本体论（Ontology）具有核心地位，语义 Web 的研究与本体论的相互促进已成为共识。本体论通过对概念的严格定义和概念之间的关系来确定概念的精确含义，表示共同认可的、可共享的知识，成为语义 Web 中语义层次上信息共享和交换的基础。基于本体论的方法是基于知识的、语义上的匹配，在查准率和查全率上有更好的保证，对面向 Web 信息的知识检索必将起到关键性的作用。

## 第一节　语义 Web

### 一、Web 的发展状况

1989 年 3 月，Web 由欧洲核子研究组织（European Organization of Nuclear Research）的伯纳斯·李第一次提出。其目的在于使科研人员乃至没有专业技术知识的人能顺利地从网上获取并共享信息。1990 年，伯纳斯·李编写了 HTTP 协议、HTML 语言及第一个 Web 浏览器。1991 年，Web 正式登陆互联网，彻底改变了人类信息交流方式及商业运作方式，人们可以轻松地发布信息，迅速地查找到所需信息。Web 的发展经历了两个阶段：第一阶段是采用静态页面的形式展现网页信息，用户通过修改 HTML 文档内容实现网页的更新；第二阶段是采用 Java script、VB script 技术，通过动态数据库存取，实现同用户的交互，并将存取的数据动态地生成页面，展示给用户，增强了 Web 处理信息的能力，提高了信息搜索能力，极大促进了电子商务的发展。

随着 Web 的迅速发展，其局限性日益显露，主要体现在以下两个方面。①HTML语言的局限性。HTML 语言作为目前 Web 的通用语言，其采用预先定义的标签来描述网页信息，简单易用。但这种标记语言的标签集只是对内容的显示格式作了标记，数据的表现格式和数据融合在一起，缺乏针对数据内容的标签。HTML 语言的这种特点决定了 Web 上的信息内容很难被机器理解，从而制约了一些需要对 Web 上的海量数据进行自动化处理应用的开发。Web 上海量的数据要求以一种能够理解数据语义的方式进行交换和管理，当前基于 HTML 的 Web 技术却很难满足这一要求。②搜索引擎的局限性。基于关键词的搜索引擎是目前用户查找信息的主要工具，但 Web 页面的无结构性、超链接的自由无序及计算机不能有效地理解概念、无法进行语义关联和推理，造成信息查准率和查全率相对较低。

由于 Web 在语义表达、信息检索方面存在缺陷，W3C 致力于改进 Web 的工作。1998 年伯纳斯·李首次提出语义 Web 的构想，阐述了语义 Web 的基本思想：利用语义来重新组织、存储和获取信息，使信息变成机器可识别的知识。在 2000 年 12 月 18 日 XML2000 大会上，伯纳斯·李作了题为 "The Semantic Web" 的重要演讲，正式提出语义 Web 的概念，目的是使 Web 上的信息成为计算机可理解的信息，从而实现机器自动处理信息，同时提出了语义 Web 的体系结构。

## 二、语义 Web 及其体系结构

语义 Web 不是一个全新的 Web，而是当前 Web 的扩展。伯纳斯·李认为："语义 Web 是一个网，它包含了文档或文档的一部分，描述了事物间的明显关系，且包含语义信息，以利于机器的自动处理。"（Lee，1999）W3C 认为语义 Web 是数据网，其提供了允许数据共享及重用的统一框架，将不同来源的数据以统一的格式描述，并建立数据与外部世界的联系，以实现数据的跨组织及跨平台的集成应用。从这些描述中我们可以理解到：语义 Web 在当前 Web 基础上，增加一个语义（知识）层，其通过所定义的语义规范语言及其构建的知识概念结构，使信息被赋予描述良好的含义，成为机器可以识别、交换和处理的语义信息。

语义 Web 是推动未来 Web 发展的核心动力，它包含了许多相关的基础构件。图 1-1 是伯纳斯·李提出的语义 Web 体系结构（Grigoris and Frankvan，2004），它给出了语义 Web 中的层次关系：基于 XML 和 RDF/RDFS，并在此之上构建本体和逻辑推理规则，以完成基于语义的知识表示和推理，从而使信息能够为计算机所理解和处理。

URI 和 Unicode 是语义 Web 的基础，URI 用来唯一标识网络上的资源，

Unicode 是一个字符编码集，字符集中所有的字符都用两个字节表示，支持世界上所有语言的字符，旨在使语义 Web 成为一个全球信息网络，从根本上解决跨语言字符编码的格式标准问题。

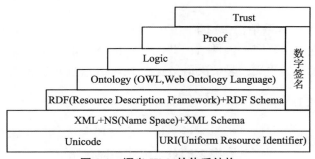

**图 1-1 语义 Web 的体系结构**

XML+NS+XML Schema 是语义 Web 的语法层。XML 提供了文档结构化的语法，用户可以按照自己的需要定义标记集。为了避免这些标记的同名现象，W3C 引入 Namespaces，即名称空间机制，通过在标记前加上 URI 引用来消解这种冲突。XML Schema 基于 XML 语法，提供多种数据类型，对 XML 标记的结构和使用方法进行了规范，提供了对 XML 文档进行数据校验的机制。

RDF、RDF Schema（RDFS）属于语义 Web 的数据互操作层。XML 不适于表达数据的语义，数据语义的定义和互操作需要由更高一层来完成。因此 RDF 作为基本数据模型，它遵循 XML 语法来描述网络上资源及其关系，提供了一套标准的数据语义描述规范，但它还需要定义描述中使用的词汇。RDFS 提供了一种面向计算机理解的词汇定义，提供了描述类和属性的能力。RDFS 在 RDF 的基础上引入了类、类之间的关系、属性之间的关系，以及属性的定义域与值域等。

Ontology 是语义 Web 的本体层。作为语义 Web 的核心层，本体层在 RDF 和 RDFS 进行基本的类/属性描述的基础之上，更进一步地描述了相关领域的概念集，并提供了明确的形式化语言 OWL，以准确定义相关概念及概念之间的关系。

Logic、Proof、Trust 分别属于逻辑层、证明层和信任层。逻辑层主要解决特定规则的自动推理，定义规则及其描述方法是自动推理的基础，它需要运用功能强大的逻辑语言来实现推理。证明层使用逻辑层定义的推理规则进行逻辑推理，得出某种结论，并负责为应用程序提供一种机制，以决定是否信任给出的论证。信任层保证语义 Web 应该是一个可以信任的网络，它采用数据签名等信息技术来验证信息来源及信息的可靠性，以确保用户信任所见的数据及所作的推理过程。

# 第二节 本体

在语义 Web 的体系结构中，本体处于核心的地位。本体为语义 Web 提供了相关领域的共同理解，确定了该领域内共同认可的概念的明确定义，通过概念之间的关系描述了概念的语义，是解决语义层次上 Web 信息共享和交换的基础。

## 一、本体的概念

本体的概念最初起源于哲学领域，可以追溯到古希腊哲学家亚里士多德。他将本体定义为"对世界客观存在物的系统描述，即存在论"，也就是说本体是客观存在的一个系统的解释或说明，它关心的是客观现实的抽象本质。20 世纪 60 年代本体被引入信息领域后，越来越多的计算机信息系统、知识系统的专家学者们开始研究本体，并给出了许多不同的定义。其中最著名并被引用得最为广泛的定义是由 Gruber 于 1993 年提出的"本体是概念化的明确的规范说明"（Grigoris and Frankvan，2004），1997 年 Borst 进一步将其完善为"本体是共享概念模型的形式化规范说明"（Borst，1997），Studer 等对上述两个定义进行了深入研究，认为本体是共享概念模型的明确的形式化规范说明（Studer et al.，1998），这也是目前对本体概念的统一看法，其定义包含四层含义。

（1）概念模型（conceptualization）：通过抽象出客观世界中一些现象的相关概念而得到的模型，其含义独立于具体的环境状态。

（2）明确（explicit）：所使用的概念类型及使用这些概念的约束都有明确的定义。

（3）形式化（formal）：采用的是计算机可理解的精确的数学描述，而不是面向自然语言。

（4）共享（share）：本体捕获共同认可的知识，反映的是相关领域中公认的概念集，针对的是团体而非个体。

## 二、本体的构成

Perez 等认为本体中的知识形式化主要由五部分构成：类（classes）或概念（concepts）、关系（relations）、函数（functions）、公理（axioms）和实例（instances）（Perez and Benjamins，1999）。

1. 类或概念

通常概念是指任何事务，如任务描述、功能、行为、策略和推理过程。从语义上讲，它表示的是对象的集合，其定义一般采用框架结构，包括概念的名称、与其他概念之间的关系的集合，以及用自然语言对概念的描述。

**2. 关系**

关系表示领域中概念之间的交互类型，形式上定义为 $n$ 维笛卡儿积的子集 $R：C_1 \times C_2 \times \cdots \times C_n$，如子类关系（subClassOf）。在语义上关系对应于对象元组的集合。

**3. 函数**

函数特指一类特殊的关系。该关系的前 $n-1$ 个元素可以唯一决定第 $n$ 个元素。其形式化的定义为 $F：C_1 \times C_2 \times \cdots \times C_{n-1}，\rightarrow C_n$。例如，motherOf 就是一个函数，motherOf（$x$，$y$）表示 $y$ 是 $x$ 的母亲。

**4. 公理**

公理代表领域知识中的永真断言，如声明概念"Produce"和"Produced by"是互逆的。

**5. 实例**

实例代表元素。从语义上讲，实例表示的就是对象，对应于现实世界中的具体的个体。

## 三、本体的类型

按照不同的分类标准，本体的类型提法不一。Guarino 等根据领域的依赖度及其概括程度将本体划分为 4 类（Guarino，1998）。

（1）顶级本体，描述的是最普遍的概念，如空间、时间、物质、对象、事件、行为等，其通常不依赖于某个特定问题或者某个领域，如 Cyc、Mikrokmos、SUMO 本体等属于顶级本体。

（2）领域本体，描述的是特定领域中的概念，如地球与环境领域本体 SWEET、数字化产权本体 IPROnto。它需要对顶级本体的概念具体化。

（3）任务本体，描述的是具体任务或行为中的概念及概念之间的关系，如对话本体、销售本体。

（4）应用本体，描述的是同时依赖于特定领域和具体任务的概念和概念之间的关系。

## 四、本体构建

本体创建过程非常费时费力，需要一套完善的工程化的系统方法来支持，特定领域本体还需要专家的参与，以保证所建立的本体符合一定的质量要求，满足用户的应用需求。

1. 本体设计原则

为有效地指导及评估本体构建活动，Gruber 在 1995 年提出的 5 条设计原则（Gruber，1995）具有一定的影响力。

（1）清晰性：本体应该有效地表达所指定术语的含义，使之尽可能客观、完整，并以自然语言的方式将所给定义文档化。

（2）一致性：由本体得出的推论与本身的含义是相容的，不会产生矛盾。本体中定义的公理应该是逻辑一致的，如果从公理中推导出的句子同形式化定义相矛盾，证明该本体是不一致的。

（3）可扩展性：本体在设计中要考虑到这些共享词汇将来的应用范围，为一系列可能的任务提供概念基础，使本体的表达能被单调地扩展，即向本体中添加专用的术语时，不需要修改原有的定义。

（4）编码偏好程度最小：概念是基于知识层面而言的，而非依赖于符号编码系统，对不同的描述系统和表示方法，编码偏好最小化，要求采用便利的符号系统表示并尽可能最小化。

（5）最小本体承诺：对待建模对象给出尽可能少的约束，通过定义约束最弱的公理及提供交流所需的基本词汇，来保证本体的自由，能够按照需要进行本体的具体化和实例化，支持未来的知识共享活动。

2. 本体构建方法

应用目的不同，本体构建方法也不同，Mike 和 Michael 提出的骨架法（Mike and Michael，1995）、Alexander 和 Steffen 的环形结构法（Alexander and Steffen，2001）及 Noy 和 McGuinness 提出的七步构建方法（Noy and McGuinness，2001）为很多研究者所采用。综合以上方法，我们认为构建具体步骤如下。

（1）识别目的和范围阶段，这个阶段需要弄清楚建立本体的原因及用途，以确定本体的使用范围及用户。

（2）建设本体阶段，包括本体的重用、捕获、编码化。重用现有本体，收集其他有用本体，利用已有的本体成果来扩充、修改现有本体，以减少本体构建的工作量。本体捕获主要识别相关领域中的关键概念和关系，进行精确无二义性的文本化定义，识别表达这些概念和关系的术语，并进行一致性检查。本体编码，对概念及概念关系进行形式化描述，确定类、属性、实例，选择描述语言进行有效性编码。

（3）评价阶段，采用一定的评估方法对构造好的本体进行质量评估。既包含本体概念结构及内容评估，涉及不一致性、冗余性问题；又包括用户应用效果的评估，以确保本体能够与设计目标相符合，并将存在的问题作为进一步改进的依据。

# 第三节　XML

语义 Web 体系结构中，XML、RDF、OWL 三层是语义 Web 的核心，表示网络信息的语义，语义 Web 在它们提供的语义和规则的基础上才能进行逻辑推理、证明等操作（Dvaie and Fensel，2003），XML 作为语义 Web 的语法层，为数据共享与交换奠定基础，RDF、OWL 都遵循 XML 语法，但 RDF、OWL 注重语义描述，尤其 OWL 弥补 RDF 语义能力不足的问题，成为主要的本体描述语言。

为有效地处理大规模的电子文档，弥补 HTML 文档灵活性差、机器不可读的缺点，1998 年 W3C 公布了 XML1.0 标准。XML 以其简单、灵活性好的特点，成为语义 Web 最基本的语言。

## 一、XML 的特点

### 1. 自描述性

XML 使用可扩展的标记增强了文档的自描述性。其作为创建标记语言的规则集，采用标记形式将一些信息添加到文档中，以增强文档的含义，标识文档的各个部分及各个部分之间的关系，从而赋予文档良好的结构及自描述性。

### 2. 扩展性

XML 的标记可以由用户自己定义，使用 XML 者可以按照自己的需要定制语言。目前有许多语言，如 MathML（数学标记语言）、CML（化学标记语言）和 TecML（技术数据标记语言）等都派生自 XML，服务于各自特定领域，这样不仅可以在系统的各个不同模块之间有统一的数据交换格式，而且也可以使用该系统生成组件，嵌入其他系统中，从而实现对已有系统的扩展。

### 3. 内容与格式分离

内容与格式分离是 XML 与 HTML 的不同点。运用 HTML 时，数据的显示和数据本身混合在一起，XML 的文档将数据的显示和数据本身进行区分。通常文档含有文档数据（XML）、文档结构（DTD）和文档样式（XSL）三个要素，其中的文档数据也就是文档内容，是文档最重要的部分，内容和格式分离使得文档内容可以套用不同的样式，使得显示方式更加丰富、快捷。

## 二、XML 的结构

一个结构良好的 XML 文档由三部分构成：可选文件头，文件主体，由注释、处理指令及空白组成的结尾。文件头包括 XML 文档必须要声明的 XML 版本、编码等基本信息，文档类型及所引用的名称空间，XML Schema 等，文件主体包括一个或多个元素，形成一棵分级的树，元素由开始和结束的控制标记组成。

### 1. XML 文档声明

文档声明包含三个方面的信息，即版本信息、编码信息和文档独立性信息。文档独立性是指文档的完整构成是否需要有外部文档的支持。例如，说明 DTD 是包含在 XML 文档之中，还是一个外部文档需要调用？下面的例子说明了文档使用的是 XML 标准的版本号 1.0、汉字字符集 GB2312，并指明该文档没有引用任何其他文件。

〈? xml version = "1.0" encoding = "GB2312" standalone = "yes"?〉

### 2. 文档的元素及属性

XML 的标记实体是元素，一个 XML 元素是由开始标签、结束标签及标签之间的数据构成的。开始标签和结束标签用来描述标签之间的数据。标签之间的数据被认为是元素的值。元素名称必须以字母或下划线开始，可以包含任意数目的字母、数字、连字符、下划线等，而且名称是区分大小写的。XML 元素可以包含其他元素、文本或者混合内容、空内容。每个元素都可以拥有自己的属性。例如，在下面一个 XML 元素的例子中，元素 "director" 的值是 "Ed Wood"。

〈director〉Ed Wood〈/director〉

一个元素可以包含一个或多个属性，属性用来给一个元素添加附加的、次要的信息，通常是元信息，属性还可以使用缺省值，每个属性是一个由属性名、属性值构成的用 "=" 隔开的对，每一个属性必须始终跟随在元素名之后，可以用任意顺序进行说明，但仅能说明一次，属性之间被空格隔开，如 ZIP = "01085" 是元素 〈CITY〉 的一个属性。

〈CITY ZIP = "01085"〉Westfield〈/CITY〉

XML 选用树模型作为文档结构，对元素及属性的定义，需要符合以下语法规则（陆建江等，2007）：①每一个 XML 文档都有且仅有一个最外层元素，称为根元素；②XML 元素可以嵌套，一个元素可以包含多个子元素，且允许包含多个同名的子元素，但子元素的出现顺序是重要的，元素之间必须适当地套选，不能相互重叠，标记不能交叉嵌套；③每个元素都有一个开始标记和相应的结束标记；④一个元素的所有属性中，没有两个属性的属性名是相同的；⑤元素名、属性名等标记都是符合命名规范的。

## 三、XML 名称空间

XML 名称空间（又称命名空间）是一个命名词汇集，它由 URI（统一资源标识符）引用确定，在 XML 文件中作为元素和属性名使用。由于 XML 中的元素名是预定义的，当两个不同的文档使用相同的元素名时，就会发生命名冲突。因此名称空间旨在解决命名冲突问题，使同样的标识符在不同的名称空间内有不同的含义。名称空间声明通过使用一系列的保留属性进行，这些属性的名字必须是 xmlns 或有 "xmlns:" 为前缀。名称空间声明适用于声明它的元素和该元素内容中所有的元素，声明形式如下：

〈元素名 xmlns:前缀名 = "URI"〉

经过声明的名称空间可以被文档使用，通过 XML 限定名来使用名称空间，限定名包括一个名称空间前缀、冒号、局部标识符。下例显示了两个名称空间 bk、isbn 的定义及使用：

```
〈? xml version = "1.0"?〉
〈book xmlns:bk = ´urn:loc.gov:books´
  xmlns:isbn = ´urn:ISBN:0-395-36341-6´〉
  〈bk:title〉Cheaper by the Dozen〈/bk:title〉
  〈isbn:number〉1568491379〈/isbn:number〉
〈/book〉
```

## 四、文档类型定义 DTD

DTD 通过定义一系列合法的元素、属性及元素间关系，决定 XML 文档的内部结构。其目的在于验证 XML 文档数据的有效性，为 XML 文档提供统一的格式和相同的结构，以保证在一定范围内 XML 文档数据的交流和共享。

DTD 包含元素声明、属性声明、实体声明及标记声明，通常分为内部 DTD 和外部 DTD。内部 DTD 包含在 XML 文档内部，只能被包含该 DTD 的文件使用，其一般语法表示如下：

〈! DOCTYPE 根元素名 [···声明···]〉

外部 DTD 则独立保存为一个文件，如果要重复使用已经定义好的 DTD，这时候就必须使用外部 DTD，在 XML 文档中引用外部 DTD 时，应该在 XML 文档声明中添加 standalone＝"no" 说明。声明外部 DTD 的语法结构为

〈！DOCTYPE 根元素名 SYSTEM ｜ PUBLIC(DTD 名)DTD 的 URI〉

其中，SYSTEM 表示 DTD 文件未公开，只有当外部 DTD 文件置于 XML 文件所在的主机上时才可以使用；PUBLIC 表示公共 DTD 文件，通过 DTD 的 URI 获取。

元素声明定义了元素可以或必须包含的子元素及子元素的顺序。格式如下：

〈！ELEMENT [元素名][内容模型]〉

内容模式是由#PCDATA、元素名，以及?、,、｜、* 等符号组成的正则表达式，用来规定该元素所包含的内容，#PCDATA 表示该元素所包含的文本内容，元素名表示该元素的子元素，各符号表示子元素出现的约束。各符号含义如表 1-1 所示。

表 1-1　子元素约束符号

| 符号 | 用法 | 范例 |
|---|---|---|
| EMPTY | 空元素标记，表示元素中没有内容 | A EMPTY |
| , | 将各个元素按指定次序排行 | (A，B，C) |
| * | 一个元素可以出现 0 次或 0 次以上 | A * |
| + | 一个元素可以出现 1 次或 1 次以上 | A+ |
| ? | 一个元素可以出现 0 次或 1 次 | A? |
| ｜ | 只能出现一次符号作用范围内的任一元素 | (A｜B｜C) |

属性声明定义所有与特定元素相关的属性，其设定与元素相关属性的名称、数据类型、必要性。格式如下：

〈！ATTLIST [元素名称][属性名][属性类型][默认值]〉

其中，属性类型规定了哪种类型的数据可以作为该属性的值。XML 规范允许为元素的属性指定 10 种不同的类型，如表 1-2 所示，默认值表示设定该属性是否必要，如果属性并不是必要的，属性列表宣告也将指明当属性被省略时，处理器应该要做什么。默认值取值如表 1-3 所示。

表 1-2　XML 中属性类型

| 类型 | 描述 | 类型 | 描述 |
|---|---|---|---|
| CDATA | 值为字符数据（character data） | NMTOKEN | 值为合法的 XML 名称 |
| (en1｜en2｜..) | 此值是枚举列表中的一个值 | NMTOKENS | 值为合法的 XML 名称的列表 |
| ID | 值为唯一的 id | ENTITY | 值是一个实体 |
| IDREF | 值为另外一个元素的 id | ENTITIES | 值是一个实体列表 |
| IDREFS | 值为其他 id 的列表 | NOTATION | 此值是符号的名称 |

表 1-3　XML 中属性定义的默认值

| 值 | 解释 |
|---|---|
| 值 | 属性的默认值 |
| #REQUIRED | 属性值是必需的 |
| #IMPLIED | 属性值不是必需的 |
| #FIXED value | 属性值是固定的 |

实体是用于定义引用普通文本或特殊字符的快捷方式的变量，其分为内部实体和外部实体。内部实体所定义的实体内容并不涉及外部文档，是指在 DTD 中定义的一段具体文字内容，通常在 XML 文档的元素中引用，也可在 DTD 语句中引用。在 DTD 中，声明内部一般实体的语法如下：

〈! ENTITY [实体名] [实体内容]〉

在 XML 文档或者 DTD 中引用内部一般实体的语法为 & 实体名。下例定义了 writer、copyright 两个实体，并进行引用。

```
〈? xml version = "1.0" encoding = "gb2312"?〉
〈! DOCTYPE website[
  〈! ELEMENT website (writer,copyright)〉
  〈! ENTITY writer "Bill Gates"〉
  〈! ENTITY copyright "Copyright W3School.com.cn"〉]〉
〈website〉
〈writer〉&writer;〈/writer〉
〈copyright〉&copyright;〈/copyright〉
〈/website〉
```

外部实体所定义的实体内容为外部独立存在的文件。在 DTD 中定义某个外部实体时需要指定该实体所对应文件的 URL。在 DTD 中定义外部一般实体的定义语法及其引用如下。定义语法为：

〈! ENTITY [实体名] SYSTEM [实体 URL]〉

例如，定义一个外部实体 book，其 URL 为"D:\xml\dtd\book.dtd"，则定义该外部实体的语法为〈! ENTITY book SYSTEM "D:\xml\dtd\book.dtd "〉。

在 XML 文档中对外部实体 book 的引用为

```
〈? xml version = "1.0" encoding = "utf-8"?〉
〈! DOCTYPE books [
〈! ENTITY book SYSTEM "book.dtd"〉
〈! ELEMENT books (#PCDATA |bookname |作者)*〉
〈! ELEMENT bookname (#PCDATA)〉
〈! ELEMENT 作者 (#PCDATA)〉
```

```
])>
〈books〉&book;〈/books〉
```

## 五、XML Schema

DTD 在描述文档结构时，存在着缺乏数据类型的支持、描述能力有限、不能对 XML 文档做出更细致的语义限制等问题，为此 W3C 开发了 XML Schema，以解决 DTD 问题，其优点如下所述（宋炜和张铭，2004）。

（1）一致性：XML Schema 直接采用 XML 语法来定义文档的结构，可以使用 XML 解析器来解读。

（2）扩展性：对 DTD 进行扩充，引入了数据类型、名称空间，具备较强的扩展性。

（3）互换性：能够书写 XML 文档及验证文档的合法性。通过特定的映射机制，将不同的 XML Schema 进行转换，以实现更高层次的数据交换。

（4）规范性：提供了一套完整的机制以约束 XML 文档中标记的作用，比 DTD 更规范。

XML Schema 称为 XML 模式，是用来定义和描述 XML 文档的结构、内容和语义的。XML Schema 声明了 XML 文档中允许的数据和结构，具体规定了 XML 文档中可以包含哪些元素，这些元素又可以具有哪些子元素，并可规定这些子元素出现的顺序及次数等。另外，XML Schema 还具体规定了 XML 文档中每个元素和属性的数据类型。

### 1. Schema 根元素

在一个 XML Schema 文档的开头，必须声明一个且只能声明一个名为 Schema 的根元素。下列声明格式中指明 Schema 中使用的元素和数据类型来自于 "http：//www. w3. org/2001/XMLSchema" 命名空间，也指定来自于 "http：//www. w3. org/2001/XMLSchema" 命名空间的元素和数据类型必须附带前缀 "xsd："，语法如下：

```
〈xsd:schema xmlns:xsd="http://www.w3.org/2001/XMLSchema"〉
.....
〈xsd:schema〉
```

### 2. XML Schema 数据类型

数据类型是 XML Schema 中的一个重要元素，用于为元素类型及属性类型指定数据类型。类型分为简单类型及复杂类型。一个元素中如果仅仅包含数字、字符串或其他数据，但不包括子元素，这种被称为简单类型，XML Schema 中定义了一些内置的数据类型，常用的有 string、decimal、integer、boolean、date、time 等，这些类型可以用来描述元素的内容和属性值。定义简单元素类型的语法如下：

〈xsd:element 元素名 = "xxx" 数据类型 = "yyy" /〉

用户可以从现有的内置的类型通过限定（restriction）元素定义简单类型，限定用于为 XML 元素或者属性定义可接受的值。其中对数据类型的限定如表 1-4 所示。以下例子中，通过 simpleType 定义，将 simpleType 元素的 name 属性值作为该自定义数据类型的名称，使用枚举约束，限定取值为"男"、"女"。

〈xsd:simpleType name = "mytype"〉
〈xsd:restriction base = "xs:string"〉
　〈xsd:enumeration value = "男"〉〈/xs:enumeration〉
　〈xsd:enumeration value = "女"〉〈/xs:enumeration〉
〈/xsd:restriction〉
〈/xsd:simpleType〉

表 1-4　XML Schema 中数据类型的限定

| 限定 | 描述 |
| --- | --- |
| enumeration | 定义可接受值的一个列表 |
| fractionDigits | 定义所允许的最大的小数位数，必须大于等于 0 |
| length | 定义所允许的字符或者列表项目的精确数目，必须大于或等于 0 |
| maxExclusive | 定义数值的上限，所允许的值必须小于此值 |
| maxInclusive | 定义数值的上限，所允许的值必须小于或等于此值 |
| maxLength | 定义所允许的字符或者列表项目的最大数目，必须大于或等于 0 |
| minExclusive | 定义数值的下限，所允许的值必须大于此值 |
| minInclusive | 定义数值的下限，所允许的值必须大于或等于此值 |
| minLength | 定义所允许的字符或者列表项目的最小数目，必须大于或等于 0 |
| pattern | 定义可接受的字符的精确序列 |
| totalDigits | 定义所允许的阿拉伯数字的精确位数，必须大于 0 |
| whiteSpace | 定义空白字符（换行、回车、空格及制表符）的处理方式 |

复杂类型指包含其他元素及/或属性的 XML 元素，其定义主要通过 complexType 定义，将 complexType 元素的 name 属性值作为该自定义数据类型的名称。有四种类型的复杂元素：空元素、包含其他元素的元素、仅包含文本的元素、包含元素和文本的元素。每一种类型都可能包含属性。通过 XML Schema 指示器，控制在文档中使用元素的方式，其主要分为三类，如表 1-5 所示。

表 1-5　XML Schema 指示器

| 指示器类型 | 名称 | 用途 |
| --- | --- | --- |

| | | |
|---|---|---|
| 顺序指示器 | All | 规定子元素可以按照任意顺序出现，且每个子元素必须只出现一次 |
| | 〈choice〉 | 规定可出现某个子元素或者可出现另外一个子元素（非此即彼） |
| | 〈sequence〉 | 规定子元素必须按照特定的顺序出现 |
| 频率指示器 | 〈maxOccurs〉 | 规定某个元素可出现的最大次数 |
| | 〈minOccurs〉 | 规定某个元素能够出现的最小次数 |
| 组指示器 | Group | 用于定义元素组相关的数批元素 |
| | attributeGroup | 用于定义属性组相关的数批元素 |

复杂元素类型的定义如下：定义 employee 复杂类型，其包含子元素 firstname、lastname，被包围在指示器〈sequence〉中，这意味着子元素必须以它们被声明的次序出现。

```
〈xsd:complexType〉
  〈xsd:sequence〉
  〈xsd:element name="name" type="xsd:string"/〉
  〈xsd:element name="friend-of"
  type="xsd:string" minOccurs="0" maxOccurs="unbounded"/〉
  〈xsd:element name="since" type="xsd:date"/〉
  〈xsd:element name="qualification" type="xsd:string"/〉
  〈/xsd:sequence〉
〈/xsd:complexType〉
```

XML Schema 中所有的属性是以简单类型声明的，简单元素无法拥有属性，假如某个元素拥有属性，它就会被当做某种复杂类型。属性声明由 attribute 元素组成，attribute 元素至少包含一个 name 属性，且可以定义属性的数据类型、固定值和默认值、可选性与必要性、出现频率等，定义一个属性的语法及例子如下：

```
〈xs:attribute 属性名="xxx" 数据类型="yyy"/〉
〈xs:attribute name="lang" type="xs:string"/〉
〈lastname lang="EN"〉Smith〈/lastname〉
```

## 六、XSL

XML 在更多的时候是一种数据文件，无法在浏览器显示，因此为了显示 XML 文档，必须要有一个机制来描述如何显示文档。这些机制之一是 CSS（Cascading Style Sheet，级联样式表），但是 XSL（可扩展的样式表语言）是 XML 的首选样式表语言，它将 XML 中的数据用指定的显示格式输出，比 HTML 使用的 CSS 复杂得多。XSL 包括三部分：XSLT 是用于转换 XML 文档的语言，XPath 是用于在 XML 文档中导航的语言，XSL-FO 是用于格式化 XML 文档的语言。

## 1. XSL 声明

XSL 与 XML 遵循相同的语法规则，任何 XSL 文档的第一行实际上都是 XML 声明，在 XML 声明之后，就是 XSL 声明，声明中包含命名空间和 XSL 规范的版本，如：

```
〈? xml version = "1.0" encoding = "GB2312"?〉
〈xsl:stylesheet        xmlns:xsl = http://www.w3.org/1999/XSL/Transform
version = "1.0"〉
  .....
〈/xsl:stylesheet〉
```

## 2. 模板或规则

XSL 样式表由一个或多套被称为模板（template）的规则组成，每个模板含有当某个指定的节点被匹配时所应用的规则，模板的作用是承载 XML 文档中的数据，在模板中可以嵌套子模板，但最上层模板必须将 match 设为"/"。XSL 构建模板如下所示，match 属性用于关联 XML 元素和模板。match 属性也可用来为整个文档定义模板。

〈xsl:template match = "/"〉·····〈/xsl:template〉

通常采用条件选择运算元素〈xsl：choose〉、〈xsl：when〉、〈/xsl：for-each〉来选取指定的节点中的元素，其中〈xsl：for-each〉元素可用于选取指定的节点集中的每个 XML 元素。语法如下：

〈xsl:for-each select = "···"〉·····〈/xsl:for-each〉

确定节点后，需要提取选定节点的值，〈xsl：value-of〉元素用于提取某个选定节点的值，并把值添加到转换的输出流中，语法如下：

〈xsl:value-of select = "pattern"〉

调用模板（块）：〈xsl：apply-templates〉元素将构造好的模板应用于当前的元素或者当前元素的子节点中，语法如下，select 确定在此上下文环境中应执行什么模板，即选取〈xsl：template〉标记建立的模板，order-by 以分号 ";" 分隔的排序标准，通常是子标记的序列。

```
〈xsl:apply-templates select = "pattern" order-by = "sort-criteria-
list"〉
```

创建图书目录样式表例子：

```
〈? xml version = "1.0" encoding = "ISO-8859-1"?〉
```

```
〈xsl:stylesheet    version="1.0" xmlns:xsl="http://www.w3.org/1999/
XSL/Transform"〉
  〈xsl:template match="/"〉
  〈html〉
  〈body〉
    〈h2〉My Book Collection〈/h2〉
    〈table border="1"〉
    〈tr bgcolor="#9acd32"〉
      〈th align="left"〉Title〈/th〉
      〈th align="left"〉Author〈/th〉
    〈/tr〉
    〈xsl:for-each select="catalog/book"〉
    〈tr〉
      〈td〉〈xsl:value-of select="title"/〉〈/td〉
      〈td〉〈xsl:value-of select="author"/〉〈/td〉
    〈/tr〉
    〈/xsl:for-each〉
    〈/table〉
  〈/body〉
  〈/html〉
〈/xsl:template〉
〈/xsl:stylesheet〉
```

把 XSL 样式表连接到 XML 文档，进行输出表示。

```
〈? xml version="1.0" encoding="ISO-8859-1"?〉
〈? xml-stylesheet type="text/xsl" href="book.xsl"?〉
〈catalog〉
  〈book〉
    〈title〉Information Organization〈/title〉
    〈author〉Arlene G.Taylor〈/author〉
    〈country〉U.S.A.〈/country〉
    〈price〉31.50〈/price〉
    〈year〉2008〈/year〉
  〈/book〉
  〈book〉
    〈title〉Reference and Information Services: An Introduction〈/title〉
    〈author〉Richard E Bopp〈/author〉
```

```
⟨country⟩U.S.A.⟨/country⟩
⟨price⟩41.79 ⟨/price⟩
⟨year⟩2000⟨/year⟩
⟨/book⟩
⟨/catalog⟩
```

# 第四节　RDF 语言

RDF 作为描述网络资源及其关系的语言，用于描述网络资源的题名、作者、修改日期、版权、许可信息，以及某个被共享资源的可用计划表等。W3C 于 1999 年公布 RDF 的推荐标准，旨在提供一种用于表达语义信息，并使其能在应用程序间交换而不丧失语义的通用框架，是语义 Web 表示语义信息的资源。

在 RDF 中，资源表示所有在 Web 上被命名、具有 URI 的网页和 XML 文档中的元素等；描述是对资源属性（property）的一个声明（statement），以表明资源的特性或资源之间的联系；框架是与被描述资源无关的通用模型，以包容和管理资源的多样性、不一致性和重复性。综合起来，RDF 就是定义了一种通用的框架，即资源-属性-值的三元组，以不变应万变来描述 Web 上的各种资源。其以一种机器可理解的方式表示出来，可以很方便地进行数据交换。RDF 提供了 Web 数据集成的元数据解决方案。通过 RDF，Web 可以实现目前还很难实现的一系列应用，如可以更有效地发现资源，提供个性化服务，分级与过滤 Web 的内容，建立信任机制，实现智能浏览和语义 Web 等。

## 一、RDF 模型

RDF 基于这样一种设计思想：将被描述的事物看做是资源，其具有一些属性（properties），而这些属性各有其值（values），这些值是文字或者是其他资源；对资源的描述可以通过对它做出指定了上述属性及值的声明来进行。因此 RDF 模式由以下四种基本对象类型组成（陆建江等，2007）。

1. 资源

所有能用 RDF 表达式来表述的事物都可称为"资源"。资源可以包括网络可访问资源（如一份电子文档、一个图片、一个服务）、非网络可访问资源（如人、公司、在图书馆装订成册的书籍）及非物理存在的抽象概念（如"作者"这个概念）。RDF 中资源通常是 URI 引用命名的，任何事物都有一个唯一的 URI 引用，URI 引用的可扩展性使得任何实体都可以获得一个 ID。

2. 属性

属性用来描述资源的某个特定方面，如特征、性质或者关系。每个属性都有特定的含义，规定了它的取值范围、所描述的资源类型，以及与其他属性的关系。在 RDF 中，属性是资源的一个子集，因此一个属性可能用另一个属性描述，甚至可以被自身描述。

3. 文字

文字是字符串或数据类型的值。字符串又称为平凡文字，可结合可选的语言标签（RFC3066）说明其编码，数据类型的值又称为类型文字，一个 RDF 类型文字是通过把一个字符串与一个能确定一个特殊数据类型的 URI 引用配对形成的。RDF 没有自己的数据类型定义机制，但允许使用独立定义的数据类型，如 XML Schema 中定义的数据类型。

4. 声明

一个 RDF 声明由一个特定的资源、一个指定的性质及资源的这个性质的取值组成。RDF 用一套特定的术语来表达声明中的各个部分。这三部分分别称为主体、谓词和客体。用于识别事物的那部分就叫做主体，而用于区分所声明对象主语的各个不同属性（如作者、创建日期、语种等）的那部分就叫做谓词，声明中用于区分各个属性的值的那部分叫做客体，客体（即性质的值）可以是另一个资源，也可以是一个常量，即一个由 URI 指定的资源或者一个简单的字符串，抑或是 XML 中定义的简单类型。

RDF 表达式的潜在结构是三元组集合，即主体、谓词、客体。其可用具有节点和有向边的图来表示，称为 RDF 图，图中每个三元组表示为一个节点-边-节点的连接。RDF 图的节点是主体和客体，其中资源用椭圆节点表示，文字用方节点表示，边代表谓词，具有方向性，总是由主体指向客体。任意一个三元组声明表明主体及客体各指代事物之间的联系，而一个 RDF 图可代表多个三元组，其实质是对应包含所有三元组的逻辑合取的声明。

例如，将 John Smith 的住址看成一个资源，然后发表关于这个新资源的声明。在 RDF 图中，为了将 John Smith 住址分解成它的各个组成部分，一个用来描述 John Smith 住址这一概念的新节点就随之产生了，并用一个新的 URIref 来标识，如 http：//www.example.org/addressid/85740（可缩写为 exaddressid：85740）。把这个节点作为主体，RDF 声明（附加的弧和节点）可用来描述附加的信息，如图 1-2（W3C，2006）所示。

其相应的三元组表示如下：

| | | |
|---|---|---|
| exstaff:85740 | exterms:address | exaddressid:85740 |
| exaddressid:85740 | exterms:street | "1501 Grant Avenue" |
| exaddressid:85740 | exterms:city | "Bedford" |
| exaddressid:85740 | exterms:state | "Massachusetts" |
| exaddressid:85740 | exterms:postalCode | "01730" |

然而，这种方法会产生很多的"中间的"URI 引用，比如 John's address 的 URI 引用 exaddressid：85740。这些概念可能从来不会被 RDF 图的外部引用，因此可能不需要"通用的"标识符，于是引入空节点的概念，如图 1-3（W3C，2006）所示。

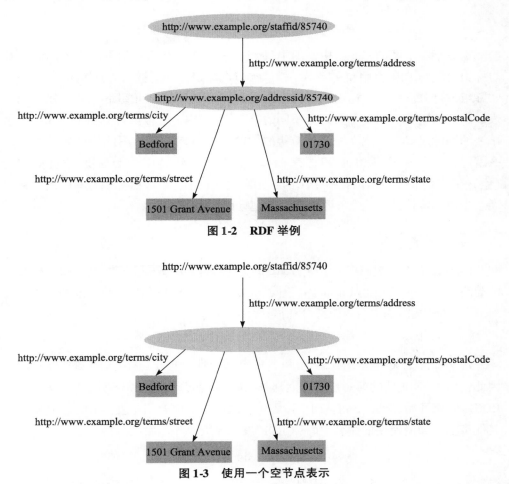

图 1-2　RDF 举例

图 1-3　使用一个空节点表示

这个空节点虽然没有 URI 引用，但表达了它应该表达的含义，因为这个空节点本身提供了图中各个部分之间必需的连通作用。然而，为了把这个图表示为三元组的形式，就需要一个某种形式的能清楚表示那个空节点的标识符。通常使用空节点标识符，以"＿：name"的形式来表示空节点。例如，在这个例子中，空节点标识符"＿：johnaddress"可以用来表示空节点，那么相应的三元组可以写成如下的形式：

```
exstaff:85740      exterms:address      _:johnaddress
_:johnaddress      exterms:street       "1501 Grant Avenue"
_:johnaddress      exterms:city         "Bedford"
_:johnaddress      exterms:state        "Massachusetts"
_:johnaddress      exterms:postalCode   "01730"
```

在表示一个图的三元组中，图中每个不同的空节点都被赋予一个不同的空节点标识符。与 URI 引用和文字不一样，空节点标识符并不被认为是 RDF 图的一个实际组成部分。空节点标识符仅仅是在把 RDF 图表示成三元组形式的时候，用来表示图中的空节点的（并且区分不同的空节点）。空节点标识符只在用三元组表示单一的图的时候才有意义。如果希望图中的一个节点需要从图的外部来引用，那么就应该赋予一个 URI 引用值来标识它。最后，因为空节点标识符表示的是（空）节点而非弧，所以在一个图的三元组表达式中，空节点标识符只能出现在三元组主体和客体的位置上，不能出现在谓词的位置上。

## 二、RDF 语法

RDF 提供了一种被称为 RDF/XML 的 XML 语法来书写和交换 RDF 图。与 RDF 的简略记法——三元组（triples）不同，RDF/XML 是书写 RDF 的规范性语法。任何一个 RDF 文档基本由声明部分和描述部分构成。

### 1. 声明部分

声明部分主要包括 XML 声明和名称空间声明。RDF 遵循 XML 的语法规则，因此任何 RDF 文档的第一行实际上都是 XML 声明，在 XML 声明之后，从〈rdf：RDF〉元素开始，到〈/rdf：RDF〉为止，表明以下内容用于表达 RDF，其中包括其他声明，如所使用的命名空间和 RDF 规范的版本等，如：

```
〈? xml version = "1.0"?〉
〈rdf:RDF xmlns:rdf = "http://www.w3.org/1999/02/22-rdf-syntax-ns#"
         xmlns:exterms = "http://www.example.org/terms/"〉
……
〈/rdf:RDF〉
```

2. 描述部分

描述部分表示 RDF 三元组中各个主体、谓词、客体。每个 RDF 声明用一个 rdf：Description 元素表示开始，其中用 rdf：about 属性的值表示声明主体的 URI 引用。声明的谓词作为 rdf：Description 的子元素出现，而客体是该子元素的属性或内容。如：

```
〈rdf:Description rdf:about="http://www.example.org/index.html"〉
    〈exterms:creation-date〉August 16,1999〈/exterms:creation-date〉
〈/rdf:Description〉
```

（1）空节点的描述。对一个以空白结点为主体的描述，在 RDF/XML 中可以用一个拥有 rdf：nodeID 属性的 rdf：Description 元素来描述。同样，一个以空白结点为客体的陈述可以用一个拥有 rdf：nodeID 属性的属性元素来描述。图 1-3 空结点对应的 RDF 语句：

```
〈? xml version="1.0"?〉
〈rdf:RDF xmlns:rdf="http://www.w3.org/1999/02/22-rdf-syntax-ns#"
        xmlns:exterms="http://example.org/stuff/1.0/"〉
〈rdf:Description rdf:about=" http://www.example.org/staffid/:85740"〉
  〈exterms:address rdf:nodeID="John"/〉
〈/rdf:Description〉
〈rdf:Description rdf:nodeID="John"〉
  〈exterms:street〉1501 Grant Avenue〈/exterms:street〉
  〈exterms:city〉Bedford〈/exterms:city〉
  〈exterms:state〉Massachusetts〈/exterms: state〉
  〈exterms: postalCode〉01730〈/exterms: postalCode〉
〈/rdf:Description〉
〈/rdf:RDF〉
```

（2）类型文字描述。类型文字是指为表示属性元素的文字关联一个数据类型，RDF 不定义自己的数据类型，通常借助 RDF 的外部定义，如 XML Schema 定义的数据类型，由 URI 引用来确定，通过为属性元素增加一个 rdf：datatype 属性，并由此指定数据类型，如：

```
〈? xml version="1.0"?〉
〈! DOCTYPE rdf: RDF [〈! ENTITY xsd " http://www.w3.org/2001/XMLSchema#"〉]〉
〈rdf:RDF xmlns:rdf="http://www.w3.org/1999/02/22-rdf-syntax-ns#"
        xmlns:exterms="http://www.example.org/terms/"〉
```

```
〈rdf:Description rdf:about="http://www.example.org/index.html"〉
  〈exterms:creation-daterdf:datatype="&xsd;date"〉1999-08-16
  〈/exterms:creation-date〉
〈/rdf:Description〉
〈/rdf:RDF〉
```

（3）指派 URI 引用。在 RDF/XML 中，资源的标识是通过使用一个 rdf：about 属性并用资源的 URI 引用作为属性值实现的。尽管 RDF 并没有规定或限定如何为资源指派 URI 引用，但提供了一定的机制为一些有组织的资源指派 URI 引用。其采用一个 rdf：ID 属性，而不是 rdf：about 属性。rdf：ID 用于指定一个片断标识符作为资源完整 URI 引用的简略形式，该片断标识符在 rdf：ID 属性值中给出，如：

```
〈rdf:Description rdf:ID="item10245"〉
  〈exterms:model rdf:datatype="&xsd;string"〉Overnighter〈/exterms:mod-
el〉
      .....
〈/rdf:Description〉
```

（4）片断标识符 item10245 的解析是相对于基准 URI（base URI）而言的（在本例中，基准 URI 为目录文档的 URI）。该文档的完整 URIref 是这样形成的：取（目录的）基准 URI，在后面添加字符"#"（表明后面跟随的是片断标识符）和字符串"item10245"，这样得到了绝对 URI 引用 http：//www. example. com/2002/04/products#item10245. 。

3. 其他 RDF 表达能力

我们常常需要描述一组事物，如一门课程被多个学生选修等，对此 RDF 提供了一组特殊的类和属性用来描述一组资源的描述声明。

（1）容器。RDF 提供了容器词汇，包括三个预定义的类型及它们的一些属性。一个容器是包含了一些事物的资源，这些被包含的事物称为成员。容器的成员可能是资源（包括匿名节点）或文字。RDF 定义三种类型的容器如下。①rdf：Bag：一个包表示一组可能包含重复成员的资源或文字，且成员之间是无序的。例如，包可以用来描述对成员的添加或处理顺序没有特别要求的组。②rdf：Seq：一个序列表示一组资源或文字，其中可能有重复的成员，而且成员之间是有序的。例如，序列可以用来描述一组必须按字母顺序排列的事物。③rdf：Alt：一个替换表示一组可以选择的资源或文字。例如，序列可以用来描述一组可以互相替换的关于著作的不同语言的翻译，或者描述一个资源可能出现的几个互联网镜像站点。在应用中，如果属性的值是一个替换，就可以选择替换中任意一个合适的成员作为属性的值。一个简单的包容器描述如下：

```
〈s:students〉
    〈rdf:Bag〉
        〈rdf:li rdf:resource="http://example.org/students/Amy"/〉
        〈rdf:li rdf:resource="http://example.org/students/Mohamed"/〉
        〈rdf:li rdf:resource="http://example.org/students/Johann"/〉
        〈rdf:li rdf:resource="http://example.org/students/Maria"/〉
        〈rdf:li rdf:resource="http://example.org/students/Phuong"/〉
    〈/rdf:Bag〉
〈/s:students〉
```

（2）集合。容器的一个缺点是没有办法封闭它，即没有办法说这些指定成员是否是容器的所有成员，无法说明其他地方有其他成员的可能。RDF 以 RDF 集合（collection）的形式提供了对描述特定成员组的支持。一个 RDF 集合是用列表结构表示的一组事物，这个列表结构是用一些预定义的集合词汇表示的。RDF 的集合词汇包括属性 rdf：first 和 rdf：rest，以及资源 rdf：nil，用 RDF/XML 表示如下：

```
〈s:students rdf:parseType="Collection"〉
    〈rdf:Description rdf:about="http://example.org/students/Amy"/〉
    〈rdf:Description rdf:about="http://example.org/students/Mohamed"/〉
    〈rdf:Description rdf:about="http://example.org/students/Johann"/〉
〈/s:students〉
```

## 三、RDF Schema

RDF 定义用于描述资源的框架，在描述资源属性时，会使用到许多词汇，这些词汇的含义与用法在 RDF 中并没有涉及。为定义词汇集，保证用户可以按照规范自定义词汇，便产生了 RDF Schema。它是一种 RDF 词汇集描述语言，定义如何用 RDF 描述词汇集，并提供了一个用来描述 RDF 词汇集的词汇集。其定义了用来描述类、属性和其他资源，以及之间关系的类和属性。RDFS 词汇分为类和属性，通常类用大写字母开头，属性的首字母小写，且类与属性都具有层次关系。

1. 类

RDF Schema 把事物的种类称之为类，与我们通常所说的类型或者分类基本相同，类似于面向对象编程语言中的类的概念。RDF 类可以用来表示事物的任何分类，如网页、人、文档类型、数据库、抽象概念等，其使得资源能够作为类的实例和类的子类来被定义。类可以通过 RDF Schema 中的资源（rdfs：Class 和 rdfs：

Resource）及属性（rdf：type 和 rdfs：subClassOf）来表示。由于一个 RDFS 类就是一个 RDF 资源，我们可以通过使用 rdfs：Class 取代 rdf：Description，并去掉 rdf：type 信息，代码如下：

```
〈? xml version="1.0"?〉
〈rdf:RDF
    xmlns:rdf="http://www.w3.org/1999/02/22-rdf-syntax-ns#"
    xmlns:rdfs="http://www.w3.org/2000/01/rdf-schema#"
    xml:base="http://www.animals.fake/animals#"〉
〈rdfs:Class rdf:ID="animal" /〉
〈rdfs:Class rdf:ID="horse"〉
  〈rdfs:subClassOf rdf:resource="#animal"/〉
〈/rdfs:Class〉
〈/rdf:RDF〉
```

### 2. 属性

RDF 属性通常描述主体和客体之间存在的特定的关系。在 RDF Schema 中，属性是用 RDF 类 rdf：Property，或者 RDF Schema 属性 rdfs：domain（定义域）、rdfs：range（值域）及 rdfs：subPropertyOf（子属性）来描述的，其中，rdfs：range 用于表明某个特性的值（值域）是给定类的实例，rdfs：domain 用于表明某个特性应用于指定的类（定义域）。

```
〈rdf:Property rdf:ID="registeredTo"〉
〈rdfs:domain rdf:resource="#MotorVehicle"/〉
〈rdfs:range rdf:resource="#Person"/〉
〈/rdf:Property〉
```

# 第五节　OWL

RDF Schema 可以对子类、子属性、属性的定义域和值域约束，以及类的实例进行描述，但用做一般的本体表示语言，其表达能力还不够，因此需要一种描述能力更强的本体语言，为此 W3C 于 2004 年提出了 OWL 扩展 RDF Schema，添加了更多的用于描述属性和类的词汇，如增加了类之间的不相交性、基数限制、等价性、丰富的属性特征、枚举类，通过提供更多具有形式语义的词汇，使 Web 信息拥有确切的含义，可被计算机理解并处理。

## 一、OWL 结构

OWL 提供了三种表达能力递增的子语言，即 OWL Lite、OWL DL、OWL Full，以分别用于特定的实现者和用户团体。

OWL Lite 用于支持那些只需要一个分类层次和简单约束的用户。例如，虽然 OWL Lite 支持基数限制，但只允许基数为 0 或 1。提供支持 OWL Lite 的工具应该比支持其他表达能力更强的 OWL 子语言更简单，并且从词典（thesauri）和分类系统（taxonomy）转换到 OWL Lite 更为迅速。与 OWL DL 相比，OWL Lite 还具有更低的形式复杂度。

OWL DL 用于支持那些需要最强表达能力且需要保持计算完备性（computational completeness，即所有的结论都能够确保被计算出来）和可判定性（decidability，即所有的计算都能在有限的时间内完成）的用户。OWL DL 包括了 OWL 语言的所有语言成分，但使用时必须符合一定的约束，例如，一个类可以是多个类的子类时，它不能同时是另外一个类的实例。OWL DL 这么命名是因为它对应于描述逻辑，是一个研究作为 OWL 形式基础的逻辑的研究领域。

OWL Full 支持那些需要尽管没有可计算性保证，但有最强的表达能力和完全自由的 RDF 语法的用户。例如，在 OWL Full 中，一个类可以被同时看为许多个体的一个集合，或将本身作为一个个体。它允许在一个本体中增加预定义的（RDF、OWL）词汇的含义。因此，不太可能有推理软件能支持对 OWL Full 的所有成分的完全推理。

## 二、OWL 语法

### 1. 本体头部

OWL 建立在 RDF（S）基础上，利用了 RDF/XML 语法，因此 OWL 本体是一个 RDF 文档，其以一系列的关于本体的声明为开始，包含注释、版本控制、导入其他本体等内容，称为本体本部。owl：Ontology 元素声明关于当前文档的 OWL 元数据，记录版本信息和导入文档相关信息，rdf：about 属性为本体提供名称和引用，取值为空表示本体的名称是 owl：Ontology 元素的基准 URI，owl：imports 元素指定所导入的本体的 URI。例如：

```
〈owl:Ontology rdf:about="">
〈rdfs:comment〉
 Derived from the DAML Wine ontology at
 http://ontolingua.stanford.edu/doc/chimaera/ontologies/wines.daml
```

```
Substantially modified.
〈/rdfs:comment〉
〈owl:imports
   rdf: resource = " http://www.w3.org/TR/2003/PR-owl-guide-20031209/
wine"/〉
〈/owl:Ontology〉
```

2. 类、个体、属性构造

（1）类。类是具有相同特点的个体的集合，类通过元素 owl：Class 声明，类名的首字母大写，且没有空格，可使用下划线。每一个创建的新类都是 owl：Thing（描述所有个体集合）的子类，可以用一个或多个关于"一个类是另一类的子类"的声明来创建一个类层次结构，通过元素 rdfs：subClassOf 定义。例如（W3C，2004）：

```
〈owl:Class rdf:ID="EdibleThing"〉
  〈rdfs:subClassOf rdf:resource="#ConsumableThing" /〉
〈/owl:Class〉
```

（2）个体（individual）。个体为描述类的成员，引入个体，个体是类的实例，用 rdf：type 为个体声明多个其所属的类，个体定义如下：

```
              〈SweetDessert rdf:ID="Cake" /〉
```

（3）属性（property）。属性用于描述两个个体之间的关系，当前主要属性类型有对象属性和数据类型属性。对象属性连接两个个体之间的关系，数据类型属性连接个体与 XML Schema 数据类型值（datatype value）或者平面文字之间的关系。还有第三种属性，即标注属性或者注释属性（rdfs：label 表示），用来表示类、个体、对象/数据类型属性的元数据信息。对象属性用 owl：ObjectProperty 定义，并用 rdfs：domain、rdfs：range 指明其定义域和值域。数据类型属性用 owl：DatatypeProperty 定义，用 rdfs：range 连接到 XML Schema 数据类型。如下例所示：

```
〈owl:ObjectProperty rdf:ID="madeFromFruit"〉      〈!—对象属性—〉
  〈rdfs:domain rdf:resource="#ConsumableThing" /〉
  〈rdfs:range rdf:resource="#Fruit" /〉
〈/owl:ObjectProperty〉
〈owl:DatatypeProperty rdf:ID="hasAge"〉        〈!—数据类型属性—〉
  〈rdfs:domain rdf:resource="#Person"/〉
  〈rdfs:range rdf:resource="xsd:nonNegativeInteger"/〉
〈/owl:DatatypeProperty〉
```

可以用来对一个或多个陈述声明"某属性是另外一个或多个属性的子属性",建立属性层次。通过 rdfs：subPropertyOf 定义如下：

```
〈owl:ObjectProperty rdf:ID="madeFromGrape"〉
    〈rdfs:subPropertyOf rdf:resource="&food;madeFromFruit"/〉
    〈rdfs:domain rdf:resource="#Wine"/〉
    〈rdfs:range rdf:resource="#WineGrape"/〉
〈/owl:ObjectProperty〉
```

### 3. 复杂类

OWL 提供了一些类构造子用于创建复杂类,这些构造子包括基本的集合运算：交、并和补,它们分别被命名为 owl：unionOf、owl：intersectionOf 和 owl：complementOf。以下例子中的语句说明 WhiteWine 恰好是类 Wine 与所有颜色是白色的事物的集合的交集。这就意味着如果某一事物是白色的并且是葡萄酒,那么它就是 WhiteWine 的实例。

```
〈owl:Class rdf:ID="WhiteWine"〉
  〈owl:intersectionOf rdf:parseType="Collection"〉
  〈owl:Class rdf:about="#Wine"/〉
    〈owl:Restriction〉
    〈owl:onProperty rdf:resource="#hasColor"/〉
    〈owl:hasValue rdf:resource="#White"/〉
    〈/owl:Restriction〉
  〈/owl:intersectionOf〉
〈/owl:Class〉
```

以下例子中表示 Fruit 类既包含了 SweetFruit 类的外延也包含了 NonSweetFruit 的外延,是两个类的并集。

```
〈owl:Class rdf:ID="Fruit"〉
  〈owl:unionOf rdf:parseType="Collection"〉
    〈owl:Class rdf:about="#SweetFruit"/〉
      〈owl:Class rdf:about="#NonSweetFruit"/〉
  〈/owl:unionOf〉
〈/owl:Class〉
```

complementOf 定义不属于某个类的所有个体,只作用于一个类上。通常它将指向一个非常大的个体集合,以下语句表明类 NonConsumableThing 包含了所有不属于 ConsumableThing 的外延的个体。

```
〈owl:Class rdf:ID="NonConsumableThing"〉
  〈owl:complementOf rdf:resource="#ConsumableThing"/〉
〈/owl:Class〉
```

（1）枚举类。OWL 提供了一种通过直接枚举类的成员的方法来描述类。通过使用 oneOf 结构来完成。特别地，这个定义完整地描述了类的外延，除了列出的个体，其他任何个体都可能是它的实例。下面的例子定义了 WineColor 类，它的成员是 White、Rose 和 Red 这三个个体。

```
〈owl:Class rdf:ID="WineColor"〉
  〈rdfs:subClassOf rdf:resource="#WineDescriptor"/〉
  〈owl:oneOf rdf:parseType="Collection"〉
    〈owl:Thing rdf:about="#White"/〉
    〈owl:Thing rdf:about="#Rose"/〉
    〈owl:Thing rdf:about="#Red"/〉
  〈/owl:oneOf〉
〈/owl:Class〉
```

（2）不相交类。使用 owl：disjointWith 可以表达类与类之间是不相交的。它保证了个体只属于一个类，而不能跨越两个或多个类。

```
〈owl:Class rdf:ID="Pasta"〉
  〈rdfs:subClassOf rdf:resource="#EdibleThing"/〉
  〈owl:disjointWith rdf:resource="#Meat"/〉
  〈owl:disjointWith rdf:resource="#Fowl"/〉
  〈owl:disjointWith rdf:resource="#Dessert"/〉
〈/owl:Class〉
```

4. 属性特性和约束

1）属性特性

OWL 属性可以声明具有传递属性、对称属性、函数属性等特征，即在属性定义中用 rdf：type 属性声明属性特征，如下例所示：

```
〈owl:ObjectProperty rdf:ID="adjacentRegion"〉
  〈rdf:type rdf:resource="&owl;SymmetricProperty"/〉
  〈rdf:type rdf:resource="&owl;TransitiveProperty"/〉
  〈rdf:type rdf:resource="&owl;FunctionalProperty"/〉
〈/owl:ObjectProperty〉
```

（1）传递属性（Transitive Property）。个体 A 与 B 借助属性 P 相连，B 与 C 借

助属性 P 相连，则 A 与 C 借助属性 P 相连。如图 1-4（W3C，2004）所示，存在传递属性 hasAncestor，由此可推导出 Matthew 的先辈是 William。如果一个属性是传递的，那它的逆属性也是传递的。

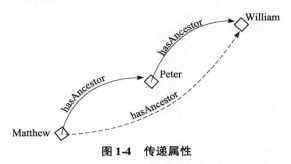

**图 1-4　传递属性**

（2）对称属性（Symmetric Properties）。如果属性 P 是对称的，则连接个体 A 与个体 B 的属性 P 同样连接 B 与 A。如图 1-5（W3C，2004）表示 Matthew 与 Gemma 是兄弟关系，则 Gemma 与 Matthew 也是兄弟关系。

**图 1-5　对称属性**

（3）函数属性（Functional Properties）。函数属性表明一个个体被声明最多只有一个值，即最多一个个体与之对应。如图 1-6（W3C，2004）所示，函数属性 hasBirthMother 表明只有一个亲生母亲，由此推导出 Peggy 与 Margaret 是一个人。

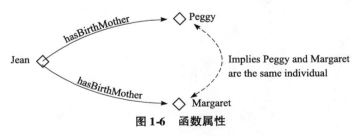

**图 1-6　函数属性**

（4）逆属性（Inverse Properties）。每一对象属性都有其逆属性，如 hasParent 与 hasChild 是逆属性，如果 Matthew 的孩子是 Jean，那么通过逆属性我们可推出 Matthew 是 Jean 的父母亲。

（5）反函数属性（Inverse Functional Properties）。此属性表明该属性的逆属

性最多有一个值。由于 hasBirthMother 是函数属性，所以 isBirthMotherOf 是反函数属性，如图 1-7（W3C，2004）所示，如果我们声明 Peggy 是 Jean 的亲生母亲，Margaret 也是 Jean 的亲生母亲，可推导出 Peggy 和 Margaret 是同一个体。

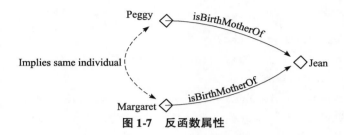

图1-7 反函数属性

2）属性约束

属性约束被用于限制属于某一类的个体，主要分为三种类型：量词约束、基数约束、取值约束。其描述的多种形式仅在 owl：Restriction 的上下文中才能使用，owl：onProperty 元素指出了受限制的属性。

（1）量词约束属于局部性值域约束，定义有 owl：allValuesFrom、owl：someValuesFrom。owl：allValuesFrom 表示对每一个有指定属性实例的类实例，该属性的值必须是由 owl：allValuesFrom 从中指定的类的成员。owl：someValuesFrom 表示类实例至少有一个指定属性的值是指定的类的实例。如下例所示，至少有一个 Wine 类实例的 hasMaker 属性是指向一个 Winery 类的个体的。

```
〈owl:Class rdf:ID="Wine"〉
 〈rdfs:subClassOf rdf:resource="&food;PotableLiquid" /〉
  〈rdfs:subClassOf〉
  〈owl:Restriction〉
  〈owl:onProperty rdf:resource="#hasMaker" /〉
  〈owl:someValuesFrom rdf:resource="#Winery" /〉
  〈/owl:Restriction〉
 〈/rdfs:subClassOf〉
 .....
```

（2）基数约束属于局部约束，它们是对一个属性应用于某特定类时的声明。也就是说，这类约束应用于某个类的实例时就会给出属性的基数信息。定义有 owl：cardinality、owl：minCardinality、owl：maxCardinality。owl：cardinality 这一约束允许对一个关系中的元素数目做出精确的限制。值域限制在 0 和 1 的基数表达式是 OWL Lite 的一部分，这使得用户能够表示"至少一个"、"不超过一个"和"恰好一个"。OWL DL 中还允许使用除 0 与 1 以外的正整数值。owl：maxCardinality 能够用来指定一个上界。owl：minCardinality 能够用来指定一个下界。使用二者的组合就能够将一个属性的基数限制为一个数值区间。如下例所示，通过"minCardinality"限定"Juice"实例的对象属性"madeFromFruit"至少有一个值。

```
〈owl:Class rdf:ID="Juice"〉
    〈rdfs:subClassOf rdf:resource="#PotableLiquid" /〉
    〈rdfs:subClassOf〉
    〈owl:Restriction〉
    〈owl:onProperty rdf:resource="#madeFromFruit" /〉
    〈owl:minCardinality rdf:datatype="&xsd;nonNegativeInteger"〉
       1
    〈/owl:minCardinality〉
    〈/owl:Restriction〉
    〈/rdfs:subClassOf〉
〈/owl:Class〉
```

（3）取值约束。定义有 owl：hasValue，其根据指定的属性值来标识类。如下例所示， "hasValue" 限定对象属性 "&vin；hasValue" 的值，至少有个值是 "Red"。

```
owl:Class rdf:ID="PastaWithSpicyRedSauceCourse"〉
  〈rdfs:subClassOf〉
    〈owl:Restriction〉
    〈owl:onProperty rdf:resource="#hasDrink" /〉
    〈owl:allValuesFrom〉
      〈owl:Restriction〉
        〈owl:onProperty rdf:resource="&vin;hasColor" /〉
        〈owl:hasValue rdf:resource="#Red" /〉
      〈/owl:Restriction〉
    〈/owl:allValuesFrom〉
    〈/owl:Restriction〉
  〈/rdfs:subClassOf〉
〈/owl:Class〉
```

### 5. 本体元素间的映射

为了有效地实现本体重用与共享，建立本体间的映射非常重要，OWL 提供了一些简单的本体映射功能，包括声明类和属性的等价、个体的相同与不同。OWL Lite 中定义有 owl：equivalentClass、owl：equivalentProperty、owl：sameAs、owl：differentFrom、owl：AllDifferent。owl：equivalentClass 可以用来创建同义类，表示两个类可以被声明为等价，即它们拥有相同的实例。如下例所示，声明了一个

"Wine"类，它与 Wine 本体中的"Wine"类是等价的。

```
〈owl:Class rdf:ID="Wine"〉
  〈owl:equivalentClass rdf:resource="&vin;Wine"/〉
〈/owl:Class〉
```

owl：equivalentProperty 可以被用来创建同义属性，表示两个属性可以被声明为等价，相互等价的属性将一个个体关联到同一组其他个体。owl：sameAs 被用来创建一系列指向同一个个体的名字，表示两个个体可以被声明为相同。owl：differentFrom 表示一个个体可以声明为和其他个体不同。owl：allDifferent 指出一定数量的个体两两不同。

# 第二章 目前常用的词汇本体

语义型词典作为语言信息处理的基础，应用于机器翻译、自然语言接口、文献检索、信息自动提取、语音识别与合成、文字识别、中文输入、词义消歧、文本校对、语料库加工等多种处理领域（王惠等，1998）。当前国内外有名的WordNet、VerbNet、HowNet、FrameNet 都属于此类语义型词典，它们从单词、句法层面提取语义信息，并将这些信息以网状形式呈现，与传统的按字母顺序组织词汇信息的词典相比，其更多地从词汇的概念角度出发，将具有相同、相近含义或者具有一定关联度的词汇聚集在一起，使计算机能够像人类一样理解自然语言中所含的信息，利用语义资源实现语义分析和理解，因此我们在一定程度上将它们称为词汇本体。这四种词汇本体从不同侧面表达词汇概念及语义关系，彼此之间互为补充，并且建立相互之间的映射，共同为语义分析提供丰富的知识资源。我们从理论基础、组织结构、语义关系、应用范围层面对这些词汇本体进行具体分析，以明确其各自的理论依据、特点及应用领域。

## 第一节 WordNet 本体

WordNet 是由美国普林斯顿大学米勒（George A. Miller）教授领导的心理词汇学家和语言专家于 1985 年着手构建的英语词典数据库。其历经多个版本的发展，目前的 WordNet3.0 版本，包含大约 155 287 个词条，其中名词 146 312 个、动词25 047 个、形容词 30 002 个、副词 5580 个，同义词集合约有 117 659 个。WordNet 作为在线词典，提供了良好的用户检索界面，能够提供不同的计算机平台检索。WordNet3.0 检索界面如图 2-1（Princeton University，2009）所示。

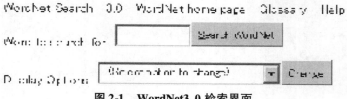

图 2-1 WordNet3.0 检索界面

　　WordNet 的理论基础是心理语言学。其主要探讨和研究语言产生、理解的心理活动中的有关现象、机制，关注语言能力的认知基础。因此，20 世纪以来，语言学家和心理学家开始从新的角度探索语言学知识结构及词典结构。米勒教授等提出，与语言的词法元素有关的研究应该称做心理词汇学。随着近十几年来语言学理论的发展，以及心理语言学与认知科学的发展，语言学家们认识到，一部词典应该包括音位学、词法学、语法学、句法学、语义学等诸多要素，它们共同作用于语言信息的生成与理解。在人的大脑中所储存的词汇知识，就像一部词典所载有的信息一样，也规定词的拼写形式和发音形式、词的意义；在普通词典中，用已知的词去定义一个生词，通过对意义的解释把语言和客观世界联系起来，在人的语义记忆中也需要表示这种词义及概念之间的关系，但是其组织方式又有所不同，词义的心理表征比普通词典的词义表示更为复杂。通过开始于 20 世纪初的关于对词的关系的研究，以及近几十年来心理学的研究，大量研究成果开始揭示出这种复杂的词汇语义关系（姚天顺等，2001）。基于该方面的研究成果，美国普林斯顿大学研究者旨在改变传统词典按字母顺序组织信息的方式，从概念层面构建词典，以帮助用户有效地检索所需词汇。

## 一、词汇矩阵模型

　　从词汇语义学角度看，词汇总是与一定的词汇概念相关联的，它们间存在着的复杂关系可以用同形关系、多义关系、同义关系和上下位关系来描述。WordNet 将词汇与词汇概念通过词汇矩阵模型建立映射，如表 2-1（Miller et al.，1990）所示，假定表中的列代表词形，即词汇本身的形式；行代表词义，即词汇所表达的含义，矩阵中的表元素意味着列上的词形可以用行上的词义来表示，如表元素 $E_{1,1}$ 意味着词形 $F_1$ 可以用词义 $M_1$ 表示。如果同一表列中有两个表元素，则该词形具有两个义项，即为多义词；如果同一表行中有两个表元素，则对应的两个词形是同义的，即为同义词。词形与词义之间的映射是多种多样的，有些词形有多个不同的词义，有些词义可以用几种不同的词形来表达。

**表 2-1　WordNet 词汇矩阵模型**

| Word Meanings | Word Forms | | | | |
|---|---|---|---|---|---|
| | $F_1$ | $F_2$ | $F_3$ | … | $F_n$ |
| $M_1$ | $E_{1,1}$ | $E_{1,2}$ | | | |
| $M_2$ | | $E_{2,2}$ | | | |
| $M_3$ | | | $E_{3,3}$ | | |
| ⋮ | | | | ⋱ | |
| $M_m$ | | | | | $E_{m,n}$ |

## 二、语义关系

WordNet 将众多意义相似或相近的词组织成为同义词集，并在各个同义词集之间建立一种指针，以此来表示各种语义关系，包括同义关系、反义关系、上下位关系、整体部分关系、蕴涵（推演）关系等。在不同词类间，组织方式有一定差别。名词是利用词典存储中主题的等级层次来组织的，其中体现了一种词汇继承机制，并把同义关系、反义关系、整体部分关系这三种语义关系都包含进来。动词是按各种搭配关系来组织的，其中最主要的是利用蕴涵（推演）关系来组织动词间的时间包含、方式义、对立关系和因果关系。形容词和副词主要按照同义关系、反义关系组织。其中以建立指针的方式将关系性形容词与多个相对应的名词进行组织。WordNet 主要在同义词集之间通过大量的关系来表达语义信息，但缺乏不同词类词语间的关系，如名词与动词之间就不容易建立关系。

1. 同义关系

WordNet 最重要的关系是词的同义关系，而且是一种定义较弱的同义关系。其将同义关系与上下文环境建立关联，即两种表达方式在语言文本中相互替代而不改变其意义，则这两种表达就是同义的。WordNet 用 "{ }" 括起有同义关系的词汇，以区别于其他词汇关系。例如，{board，plank} 和 {board，committee}，表示 board 的两个义项分别与其他词汇建立同义关系。

2. 反义关系

反义关系是一种词形间的词汇关系，而不是词义间的语义关系。例如，{big，large} —— {little，small}，其比较难以定义，比如"贫穷"和"富裕"是反义词，但一个人不富裕并不代表他一定贫穷。反义关系为 WordNet 中的形容词和副词提供了一个中心组织原则。

3. 上下位关系

同义关系和反义关系属于词形间的关系，而上下位关系是一种词义间的语义关系。例如，{maple（枫树）} 是 {tree（树）} 的一个下位义，而 {tree（树）} 是 {plant（植物）} 的一个下位义。通常上下位各对应一个同义词集合，两者通过指针建立联系，如 {$x$，$x$，…} 中设有一个指针，指向其上位关系，在 {$y$，$y$，…} 中设有一个指针指向其下位关系。上下位关系将产生一个层次性的语义结构，一群相关下位义通常只有一个上位义，下位义继承上位义的所有特征，并且至少加上一种属性，以区别于其他下位义。

4. 整体部分关系

同义词集合 {$x$，$x$，…} 表示的概念与同义词集合 {$y$，$y$，…} 表达的概念之间是整体部分关系，如手是手臂的一部分，手臂是身体的一部分。整体部分关系具有传递性和非对称性，可用来构造一个部分层次体系。其大致可分为三方面：部件/物体（table-leg、finger-hand、petal-blossom）、成员/全集（forest-tree、student-class）、物质/物体（铝/飞机、oxygen-water）等。

## 三、词类

WordNet 以词为基本的组织单位，基于同义词集的方式从语义层面来组织体系结构。其将词分为5种类型：名词、动词、形容词、副词、功能词等，事实上当前 WordNet 只包含4种词性，不对功能词作处理。

### 1. 名词

WordNet 中名词占绝大多数，其借助上下位关系使名词集合形成显著的语义层次结构，任何一个名词仅有一个上位类，因此 WordNet 的名词体系中，"entity"属于最顶层，其包含的下位类如图2-2（Princeton University，2009）所示。

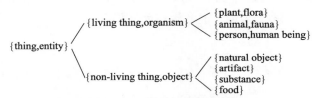

**图2-2 名词最上层的结构体系**

名词的语义关系主要包括同义关系、上下位关系、整体部分关系，我们在WordNet3.0 网上检索平台中输入"tree"，可见对该词的定义、与其他词之间的关系、同义词集合，如图2-3（Princeton University，2009）所示。

S：(n) tree (a tall perennial woody plant having a main trunk and branches forming a distinct elevated crown；includes both gymnosperms and angiosperms) *direct hyponym / full hyponym*

- *part meronym*
- *member holonym*
- *substance meronym*
- *direct hypernym/ inherited hypernym/ sister term*
  - o  S: (n) woody plant, ligneous plant (a plant having hard lignified tissues or woody parts especially stems)
    - ■ S: (n) vascular plant, tracheophyte
      - ■ S: (n) plant, flora, plant life
        - ■ S: (n) organism, being
          - ■ S: (n) living thing, animate thing
            - ■ S: (n) whole, unit
              - ■ S: (n) object, physical object
                - ■ S: (n) physical entity
                  - ■ S: (n) entity

**图2-3 名词"tree"的检索界面**

## 2. 形容词

WordNet 把形容词分为两类：描写性形容词和关系性形容词。描写性形容词表示名词的属性和值，如"heavy"表示物体的属性，"high"表示"height"的属性值等，通常描述性形容词和表示该属性的名词之间有指针相连，其中反义关系是其基本的语义关系，包括直接反义和间接反义，间接反义将没有直接反义的形容词，通过同义关系联系到一个中心形容词，再将这一群形容词群联系到属性相对的另一个形容词群，以此获得间接反义词。如图 2-4（Princeton University，2009）所示，在 wet 和 dry 之间建立反义关系。关系性形容词因其跟名词的关系而得名，如 electrical engineer 中的 electrical 实际跟名词 electricity 相关，其通过指针指向所关联的一个或多个名词，通常没有反义关系。

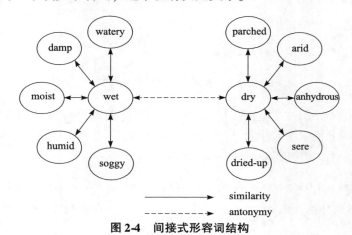

**图 2-4　间接式形容词结构**

## 3. 动词

WordNet 动词分为 15 个语义类，包含 bodily care and functions、stative、change、cognition、communication、competition、consumption、contact、creation、emotion、motion、perception、possession、social interaction、weather。其在组织方式上采用"蕴涵"（entailment）来描述两个动词之间的关系。两个动词 V1 和 V2，如果句子"someone V1"表示的行为合乎逻辑地蕴涵了句子"some V2"表示的行为，那么，我们就说，V1 蕴涵了 V2。例如，句子"我打鼾"合乎逻辑地蕴涵了句子"我睡觉"表示的行为，则"打鼾"和"睡觉"之间构成蕴涵关系。动词"蕴涵"关系包括 4 种类型，如图 2-5 所示（Princeton University，2009）。一是两个动词在时间上同时发生，如"跛行-走路"这一对动词是用方式义联系起来的，"跛行"是"走路"的一个方式义；二是前一个动词必然在后一个动词发生的时段内，二者属于包含关系，如动词"buy"包含着动词"pay"；三是具有对立关系的动词对之间是逆向假设关系，如"击中"和"落空"都蕴涵了"瞄准"，"瞄准"是"击中"或"落空"的先决条件；四是具有因果关系的动词对之间存在蕴涵关系，如动词 V1 导致结果 V2 的产生，则 V1 蕴涵着 V2。例如，"give"是因，"have"是果。

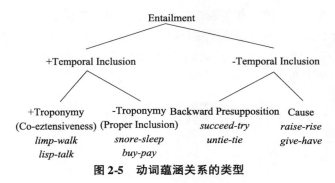

**图 2-5　动词蕴涵关系的类型**

从知识本体的角度看，WordNet 丰富的词汇资源及网状的语义组织体系使其成为词汇层面的本体，现有的许多知识本体，如 FrameNet、VerbNet 都建立了与其的映射，并在现实自然处理领域中，如词义标注、基于词义分类的统计模型、基于概念的信息检索及信息抽取、文本校对、知识推理、概念建模等方面，得到广泛应用（Morato et al. , 2004）。

# 第二节　VerbNet 本体

VerbNet 是由美国宾夕法尼亚大学的吉柏（Kipper Karin）于 2005 年开始构建的一个在线动词词典。其动词按照列文（Levin）的动词分类标准进行分类组织，具有一定的层次体系。目前的 VerbNet 有 5319 个动词分布在 274 个顶级类中，并有 201 个下位类。使用 36 个可选择性限制集合限制 23 个题元角色，在句法及语义描述层面，使用 357 个句法框架和 94 个语义谓词。

VerbNet 的理论基础是列文的动词分类标准，其分类的基本假设是动词的句法行为会直接反映潜在的语义。因此其对动词类成员的句法行为进行了详细研究，按照在成对的句法框架中出现或不出现的能力来划分类，明确指出每一类的句法特征，而不考虑其语义构成。列文按照共享词义和句法行为特征，对 3000 个英语动词词汇进行分类，VerbNet 按照列文的分类来组织结构，但又将词类进行进一步的划分，将一个超级类划分为若干个子类，这样提供了更多的句法和更高的语义的连贯性。

## 一、VerbNet 描述结构

VerbNet 研究者通过研究动词句法行为，将其按类组织，有机地将动词类的句法及语义信息建立关联。每一个动词类包括成员集合、题元角色、句法框架、对每一个句法框架中论元的选择限制、句法框架中包含的语义谓词等信息。每个动词类下面有若干成员，每个成员都拥有相同的语义谓词、题元角色和句法框架。表 2-2（Schuler，2005）描述了动词类"hit"的成员（Members）、题元角色（Themroles）、论元限制（Selrestr）、句法框架（Frame）、语义谓词等。

表 2-2　VerbNet 中动词类"hit"描述信息

| Class | Hit-18.1 | | |
|---|---|---|---|
| Parent | — | | |
| Members | bang（1，3），bash（1），batter（1，2，3），beat（2，5），…，hit（2，4，7，10），kick（3），… | | |
| Themroles | Agent，Patient，Instrument | | |
| Selrestr | Agent［+int_ control］Patient［+concrete］Instrument［+concrete］ | | |
| Frame | Name | Syntax | Semantic Predicates |
| | Transitive | Agent V Patient "Paula hit the ball" | cause（Agent，E）^ manner（during（E），directedmotion，Agent）^ ! contact（during（E），Agent，Patient）^ manner（end（E），forceful，Agent）^ contact（end（E），Agent，Patient） |
| | Transitive with Instrument | Agent V Patient Prep（with） Instrument "Paula hit the ball with a stick" | cause（Agent，E）^ manner（during（E），directedmotion，Agent）^ ! contact（during（E），Instrument，Patient）^ manner（end（E），forceful，Agent）^ contact（end（E），Instrument，Patient） |

### 1. 题元角色

题元角色用以描述动词的论元，指谓词与其论元之间潜在的语义关系，用来描述有关目标词类的句法框架的要素，对论元进行语义限制，可以跨类使用。VerbNet 有 Agent、Patient、Theme 等 23 个题元角色，如图 2-6（University of Colorado，2007）所示，基本覆盖了各种动词可能的论元，较为概括地表达了论元的语义信息，我们从题元角色"Asset"（used for the sum of money alternation，present in classes such as Build-26.1，Get-13.5.1，and Obtain-13.5.2 with 'currency' as a selectional restriction）定义中可以看到，其代指"金钱数量"。通常每一个动词论元在指定的类内有唯一的题元角色，但不排除一些例外，有些动词有双题元。

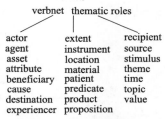

图 2-6　题元角色类型

2. 句法框架

句法框架描述了动词类中动词所有可能实现的句法形式，涉及及物动词、不及物动词、介词短语、补语的组合方式，每一个句法框架包括动词、论元所在位置的题元角色及所需的其他词汇信息。例如，"Agent V Patient"，描述了例句"Paula hit the ball" 中论元所表示的题元角色与谓词之间的位置顺序关系。因此同一谓词的不同例句，其句法形式有所差异。除此之外，句法框架还包含对语义谓词的描述信息，语义谓词显示论元及其事件之间的关系，其主要分为 4 类：概括性谓词，适用于许多动词类，如 motion、cause 类；变项谓词，表示不确定的谓词；特定谓词，具有特定含义的谓词；多事件的谓词，表达事件之间的关系。谓词中的论元可描述为以下类型：事件或事件的部分，描述语义谓词为真时的事件部分，明确动词类特定属性的论元（常量）、题元角色（实例化论元）。例句"She hid the presents in the drawer" 的语义谓词为 "location（result（E），Patient，Location）"，表示事件行为的最终结果的位置语义信息。每一个框架可包括在框架中提到的事件的不同阶段（如开始、持续、结果）的参与者的语义谓词。句法框架的语义信息可通过与语义谓词的连接得到体现。

3. 选择限制

选择限制对句法框架中的论元进行明确限制定义，以提供论元承担角色的本体信息，其将现有的论元同已公开的层次本体相关联，来确定对应的语义类型。VerbNet 中论元选择限制类型如图 2-7 所示（University of Colordo，2007）。选择限制作为 VerbNet 中很重要的一部分，不仅被用于语义角色的识别，而且也被用于句法–语义的转换（Schuler，2006）。

试想有两个句子："我打碎了玻璃" 和 "斧子打碎了玻璃"。虽然这两个句子的句法特征是一样的，但却有着不同的语义角色，"我" 被标识为施事者（Agent）角色，而 "斧子" 被标识为工具（Instrument）角色。但是这种区别并不能在句法特征中得到体现，它们由于属于不同的本体类型而承担不同的语义角色，如 "我" 特指 "人"，"斧子" 特指 "工具"，选择限制对句法框架的各个论元进行了详细

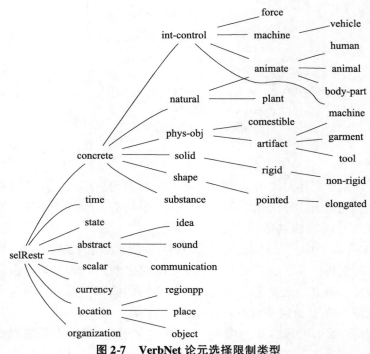

**图 2-7　VerbNet 论元选择限制类型**

的选择限制，论元被标以一种类的概念（person，concrete），以确定其什么充当了论元的角色。表 2-2 中 "选择限制"（Selrestr）下描述了动词类 "hit" 的论元选择限制类型。例如，Agent［+int_ control］，表明是可控制的实体，如 "力、机器、人的身体" 等，充当施事者这一语义角色；Patient［+concrete］表示通常由具体物质充当工具这一语义角色。

## 二、VerbNet 语义关系

VerbNet 语义关系较为简单，只体现出动词类和子类之间的层级关系，其将具有共同句法及题元角色的动词划分为一类，并把意义明确且对题元有新限制的谓词作为其子类处理。但词与词之间的语义关系表现不明显，语义主要体现在句法当中。

VerbNet 已建立与其他词汇资源的映射，如与 PropBank（句法框架有 84% 相对应）、WordNet、FrameNet、Xtag 建立对应。当前研究领域主要包括以下几个方面：自动动词获取、语义角色标注、语义分析、构建带有词元语义信息的语料库。其中最主要的一个应用领域是为行为参数表达（Parameterized Action RepreSentations，PARs）提供基础，VerbNet 的强大的句法信息可以为 PARs 提供各种参数，用于在虚拟的 3D 环境下模拟真实人的各种行为（Schuler，2005）。

# 第三节　HowNet 本体

知网（HowNet）是董振东先生创建的一个以汉语和英语的词语所代表的概念为描述对象，以揭示概念与概念之间，以及概念所具有的属性之间的关系为基本内容的常识知识库（董振东和董强，2008）。其目前的 2.0 版的汉语词汇量达 50 220 个，名词、动词、形容词分别为 26 037 个、16 657 个、9768 个，英语词汇量为 55 422 个，名词、动词、形容词分别为 28 876 个、16 706 个、10 716 个。

知网构建的哲学思想是：世界上一切事物（物质的和精神的）都在特定的时间和空间内不停地运动和变化。它们通常是从一种状态变化到另一种状态，并通常由其属性值的改变来体现。基于 4 亿字汉语语料库，董振东先生等采用自上而下的构建方式，建立以各类概念为描述对象的知识网状系统。

## 一、义原

义原是知网的基本表达单位，表示最基本的、不易于再分割的意义的最小单位，知网通过对大约 6000 个汉字进行考察和分析，提取 2200 个义原集合，作为描述概念的基本单位，其大致分为以下几类：事件、实体、属性、属性值、数量、数量值、次要特征等，各个义原之间通过树状结构建立层次关系。在知网中，每一个词汇的定义通过一组义原来表示其语义概念，如下所示，出现在概念定义的第一个位置上的特征，称之为类别属性，在其他位置上的特征则称之为附加属性。

```
医生:DEF={human|人:domain={medical|医},
          HostOf={Occupation|职位},{doctor|医治:
          agent={~}}}
```

## 二、关系

知网关系类型复杂，主要有上下位关系、事件必要角色框架、事件关系与角色转换、同义关系、反义关系、对义关系、整体部分关系、宿主-属性关系、实体-属性-属性值关系、实体-相应事件关系、制成品-材料关系、各种动态角色关系。

### 1. 上下位关系

知网的事件类和实体类概念之间有上下位的关系，和一般本体论架构不同的是，这些上下位关系是自下而上建立起来的。通过对大约 6000 个汉字的分析，提取一有限集的义原，再对这些义原进行合并归类而建立起知网的上下位结构。其中事件类概念有 800 个以上，其上下位关系如图 2-8 所示，实体类概念的上下位类系如图 2-9 所示（董振东和董强，2008）。

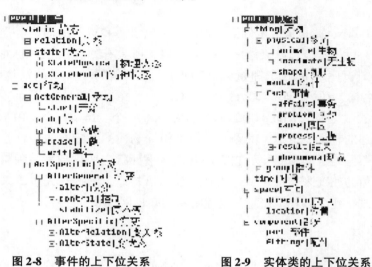

图 2-8　事件的上下位关系　　　图 2-9　实体类的上下位关系

### 2. 事件必要角色框架

事件必要角色框架是指该事件发生时可能有的参与者及这些参与者所扮演的动态角色，通常其作为判定不同概念的重要依据，常用的必要角色如图 2-10 所示（董振东和董强，2008）。在知网中，800 个事件主要特征中的每一个都标识一个角色框架。例如，"买"这一事件发生时，必要角色是：谁（施事）买，买什么（领属物），从哪（来源）买，付多少钱（代价），为谁（受益者）买。其表示为

buy｜买 {agent, possession, source, cost, ~ beneficiary}

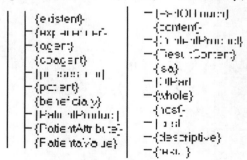

图 2-10　事件必要角色

### 3. 事件关系与角色转换

事件与事件之间存在相互感应关系，简称互感关系。事件的互感关系体现在两个方面：第一，事件与事件之间的互感关系；第二，事件的动态角色的相互转换关系。事件与事件之间的互感关系包括同类的（都是静态的或者都是动态的），也包括跨类的。例如，"有"和"丢失"是同类的，它们之间的关系是前者为后者的必要前提，若"无"，便不可能"丢失"。再如，"买"和"有"是不同类的，它们之间的关系则是前者为后者的前提。又如，"抱歉"和"道歉"是不同类的，前者是静态的，是一种感情状态；后者是动态的，是一种表达感情的行为动作，但它们存在着一种内在的关系，后者为前者的逻辑结果。事件动态角色相互转换关系说的是在某一事件发生时，它的动态角色会自然地转化成为另一事件的动态角色，或者它原来就应该是另一事件的某一个动态角色。例如，"买"的施事将转化为"有"的"关系主体"。又如，"悲哀"的经验者是"哭泣"的主体。

### 4. 实体–属性–属性值的关系

任何事物都包含多种属性，每一属性都有若干个属性值对应，如图 2-11 所示，所以在定义实体概念时需定义其对应的属性及属性值，知网把其属性类别列在第二位，既要标注其所属的宿主类型，又要将属性值指向其对应的属性。如下所示：

难题：DEF＝problem | 问题, difficult | 难, undesired | 莠

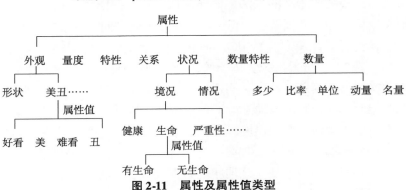

**图 2-11 属性及属性值类型**

### 5. 其他关系

除以上关系外，知网还定义了一些基本关系，如整体部分关系、同义关系、反义关系、对义关系等。如果一个事物是另一个事物的构成部分，则两者之间存在整体–部件关系，如"心脏"和"CPU"分别是"动物"和"计算机"的部件，同时"动物"和"计算机"又分别是"心脏"和"CPU"的整体。如一个事物是

另一个事物的构成材料时，则两者之间存在材料成品关系，如"衣服"和"布料"，"面包"与"面粉"的关系。

知网中丰富的词汇语义知识和世界知识，为自然语言处理和机器翻译等方面的研究提供了宝贵的资源。其以义原为单位组织词汇资源、词汇之间的关联通过义原来体现的方法，具有一定的间接性，为今后的应用提供了一定的复杂度。同时其缺乏同其他词典的映射，一定程度上阻碍了其进一步的推广使用。目前知网应用的具体领域有语料库语义标注、敏感信息发现、信息过滤、信息检索、语义Web 等。

# 第四节　FrameNet 本体

FrameNet 是美国加利福尼亚大学伯克利分校于 1997 年开始构建的基于真实语料库支持的计算机词典编撰工程，目前 FrameNet1.3 已构建 825 个语义框架，包括 10 000 个词汇，其中 6100 多个词汇被完全标注，并已标注 135 000 多个例句。由于框架表示的是所有语言使用者共有的"情境"，许多框架可以在其他国家通用，研究者目前正构建德语、西班牙语和日语的 FrameNet。

FrameNet 的理论基础是框架语义学。该理论是由菲尔摩（Fillmore）提出的描写词语意义和语法结构意义的方法。该理论认为，理解语言中词语的意义，必须先具备概念结构，即语义框架的知识，而这些知识通常同一些情境，如相关实体、行为模式、社会制度背景等相关（Charles et al.，2003）。例如，"hot"一词既可表示温度的"热"，又可表示味觉体验的"辣"，如何区分其含义？一般来说，一个词的不同义项与该词所参与的不同语义框架相联系。当一个词的词义是基于某一特定的框架时，我们则说该词激活了一个框架。因此，"hot"这个词可以在一定的上下文环境中激活一个"温度"框架，也可能在另外的上下文环境中激活一个具体的"味觉体验"框架。要理解一个包含"hot"这个词的句子，要求考虑在给定的上下文环境中哪一个是与该词相应的框架。这种将词汇意义的描述同一定的语义框架相联系的方法，使得研究者从词汇层面进行概念抽象，将具有共同认知结构、支配相同类型的语义角色的一类词语集中用一个框架描述。

## 一、FrameNet 构成

FrameNet 以框架为核心，以真实语料库为基础，将具有相同语义角色的众多词元归属于同一框架，用具有个性特征的框架元素来描述千变万化的自然语言语义，并通过标注例句揭示每一个词在每一个义项下的各种语义和句法结合的可能性，即配价方式。FrameNet 数据库主要由词汇库、框架库和例句库三部分构成。

1. 框架库

框架库包括框架的名称及其定义、框架元素表（包含框架元素名称、描述及若干示例）、框架之间关系、包含的词元集合、附加说明（如人员分工、时间等）。例如，框架"Cause_harm"定义如表 2-3（University of California, Berkeley，2006）所示，我们可以看到，其对框架的释义有别于一般性词典释义，是对情景类型的示意性描述，这个情景类型强调语义角色参与过程，该语义角色实为框架元素。通常框架元素分为核心框架元素和非核心框架元素，核心元素实为场景发生时必备的语义特征，如 Agent、Body_part、Cause 等，非核心元素，又称外围元素，如 Circumstances、Time 等则为可有可无的一些元素，其多为各种类型的外围修饰语，它们不同程度地与各种类型的事件或者状态相关。框架下的词元集合不是同义词集合，其将具有共同核心框架元素的词汇抽象成同一框架进行描述，实质把语义情景相同的词汇集成在一起，给予每个词汇以特定的含义，使语义框架下的词汇具有明确的含义，从认知上将具有相同静态场景、事件的状态、特定情节的词汇聚集在一起，实现同义或近义词语义上的扩展。

表 2-3　"Cause_harm"框架信息

| 框架 | | | Cause_harm |
|---|---|---|---|
| Definition（框架定义） | | | The words in this frame describe situations in which an Agent or a Cause injures a Victim. The Body_part of the Victim which is most directly affected may also be mentioned in the place of the Victim. In such cases, the Victim is often indicated as a genitive modifier of the Body_part, in which case the Victim FE is indicated on a second FE layer. |
| Frame Element（框架元素） | Core（核心元素） | Agent [Agt] Type Semantic Sentient | Agent is the person causing the Victim's injury.<br>Jolosa, who BROKE a rival player's jaw, was told to model his play on the England striker. |
| | | Body_part [BodP] Semantic Type Body_part | The Body_part identifies the location on the body where the bodily injury takes place.<br>Someone BASHED him on the back of the head with a heavy smooth object. |
| | | Cause [Cause] | The Cause marks expressions that indicate some non-intentional, typically non-human, force that inflicts harm on the Victim<br>A falling rock CRUSHED my ankle |
| | | Victim [Vic] Semantic Type Sentient | The Victim is the being or entity that is injured. If the Victim is included in the phrase indicating Body_part, the Victim FE is tagged on a second FE layer (see 3rd example).<br>Someone BASHED him on the back of the head with a heavy smooth object. |

| 框架 | | | Cause_ harm |
|---|---|---|---|
| Frame Element （框架元素） | Non-Core （非核心元素） | Circumstances［ ］ | Circumstances describe the state of the world （at a particular time and place） which is specifically independent of the Cause_ harm event and any of its participants. |
| | | Concessives［ ］ | This FE signifies that the state of affairs expressed by the main clause （containing the Cause_ harm event） occurs or holds, and something other than that state of affairs would be expected given the state of affairs in the concessive clause. |
| | | Duration［ ］、Depictive［Depict］、Explanation［ ］、Degree［Degr］、Physical_ entity、Means［Means］、Iterations［Iter］、Time［Time］、Result［Result］、Place［ ］、Manner［Manr］、Patricular_ iteration［ ］、Subregion_ bodypart［ ］、Period_ of_ iterations［ ］、Instrument［Ins］、Frequency［ ］、Reason［Reas］、Purpose［Purp］ | |
| Frame Relations （框架关系） | | Inherits From：Transitive_ action<br>Is Inherited By：Corporal_ punishment<br>Uses：Experience_ bodily_ harm<br>Is Used By：Abusing, Toxic_ substance | |
| LexicalUnits （词元） | | bash. v、batter. v、bayonet. v、beat up. v、beat. v、belt. v、biff. v、bludgeon. v、boil. v、break. v、bruise. v、buffet. v、burn. v、butt. v、cane. v、chop. v、claw. v、clout. v、club. v、crack. v、crush. v、cudgel. v、cuff. v、cut. v、elbow. v、electrocute. v、electrocution. n、flagellate. v、flog. v、fracture. v、gash. v、hammer. v、hit. v、horsewhip. v、hurt. v、impale. v、injure. v、jab. v、kick. v、knee. v、knife. v、knock. v、lash. v、maim. v、maul. v、mutilate. v、pelt. v、poison. v、poisoning. n、pummel. v、punch. v、slap. v、slice. v、smack. v、smash. v、spear. v、squash. v、stab. v、stone. v、strike. v、thwack. v、torture. v、transfix. v、welt. v、whip. v、wound. v | |

## 2. 词汇库

通常一个词汇有多种含义，对应多个义项。FrameNet 词汇库通过语义框架来明确词汇所指的具体含义。具体方法如下。

（1）罗列该词汇对应的多个义项，并指明每个义项所对应的框架名、词汇状态、词元款目报告、标注信息。如表 2-4 （University of California, Berkeley, 2006）所示，词汇库中列出动词 "hit. v" 的多种含义，每个义项对应不同的语义框架。

（2）通过词汇库信息的词条报告（Lexical Entery Report）栏的 "LE" 标签连接到表达对应框架含义的词汇义项的详细信息，即词元信息。词元信息包含词元基本信息和配价模式信息。

基本信息指明该词元所属的框架、词元的定义（包含每个词条传统的词典释义（牛津词典））、框架元素及句法实现方式。如表 2-5 （University of California, Berkeley, 2006）所示，动词 "hit. v" 表达 "direct a blow at with one's hand or a tool or weapon" 这一含义时所对应的语义框架为 "Cause_ harm"。框架元素表明作

表 2-4　词汇库信息

| Lexical UnitFrame | | LU Status | Lexical Entry Report | Annotation Report |
|---|---|---|---|---|
| hit the road. v | Getting_ underway | Created | LE | |
| hit. n | Impact | Created | LE | Anno |
| hit. n | Hit_ or_ miss | Created | LE | |
| hit. v | Cause_ harm | Finished_ Initial | LE | Anno |
| hit. v | Impact | Finished_ Initial | LE | Anno |
| hit. v | Experience_ bodily_ harm | Finished_ Initial | LE | Anno |
| hit. v | Cause_ impact | Finished_ Initial | LE | Anno |
| hit. v | Hit_ target | Created | LE | Anno |
| hit. v | Hit_ or_ miss | Needs_ SCs | LE | Anno |
| hit. v | Cause_ motion | Created | LE | |
| hit. v | Arriving | Created | LE | Anno |
| hit. v | Eventive_ affecting | Created | LE | Anno |
| hit. v | Attack | Created | LE | Anno |

为"Cause_ harm"框架的词元"hit. v"在具体的语义场景（语句）中涉及的语义角色，反映该词元的语义结合能力，其后的数字表明该框架元素在标注例句中出现的次数。框架元素的句法实现方式则是基于所标注的例句列出在例句中充当该框架元素的句子片段（语块）的短语类型、句法功能及出现频次。表 2-4 所示的例子中，框架元素"Agent"在例句中被标注频次为 74，其中，句法实现方式"名词短语（NP）在句中充当外部论元（Ext）"出现频次为 57，即 NP. Ext（57）；框架元素"Body_ part"的句法实现方式有名词短语作宾语（NP. Obj）、介词 in 引导的短语作补充成分（PP［in］. Dep）等。短语类型及句法功能符号所代表的具体含义见 FrameNet II：Extended Theory and Practice（Josef et al.，2007）。

表 2-5　词元基本信息

hit. v
Frame：Cause_ harm（框架）

Definition（词汇定义）
　　COD：direct a blow at with one's hand or a tool or weapon

| Frame Element（框架元素） | Number Annotated（标注数量） | Realizations（s）（句法实现方式） |
|---|---|---|
| Agent | (74) | 2nd. — (1) CNI. — (7) DNI. — (3) INI. — (6) NP. Ext (57) |
| Body_ part | (34) | NP. Obj (3) PP［in］. Dep (18) PP［on］. Dep (11) PP［across］. Dep (1) PP［over］. Dep (1) |
| Cause | (1) | NP. Ext (1) |
| Victim | (74) | 2nd. — (3) DNI. — (2) NP. Ext (12) NP. Obj (56) Poss. Gen (1) |

配价模式信息一方面基于标注例句提取出该词元与所属框架的框架元素相结

合的序列，称之为语义配价；另一方面提取出构成每一个语义配价的框架元素可能的短语类型及句法功能，称之为句法配价。表 2-6（University of California, Berkeley，2006）中，显示了词元"hit. v"的例句标注总数，出现的语义配价模式（框架元素序列）及相应的数量，每个语义配价模式下列出与之对应的框架元素的句法配价模式及出现频次。

表 2-6　词元配价模式

| Number Annotated（标注数量） | Patterns（配价模式） | | | |
|---|---|---|---|---|
| 1 TOTAL | Agent | Body_ part | Cause | Victim |
| （1） | DNI | NPObj | NPExt | 2nd |
| 33 TOTAL | Agent | Body_ part | Victim | |
| （1） | 2nd— | NPObj | 2nd— | |
| （1） | CNI— | PP［in］Dep | DNI— | |
| （2） | CNI— | PP［in］Dep | NPExt | |
| （2） | CNI— | PP［on］Dep | NPExt | |
| （2） | DNI— | PP［on］Dep | NPExt | |
| （2） | INI— | PP［in］Dep | NPExt | |
| （1） | INI— | PP［on］Dep | NPExt | |
| （1） | NPExt | NPObj | 2nd— | |
| （1） | NPExt | PP［across］Dep | NPObj | |
| （13） | NPExt | PP［in］Dep | NPObj | |
| （6） | NPExt | PP［on］Dep | NPObj | |
| （1） | NPExt | PP［over］Dep | NPObj | |
| 1 | np；subj | mp；adva | np；obj | |
| 40 TOTAL | Agent | Victim | | |
| （1） | CNI— | NPExt | | |
| （1） | CNI— | NPObj | | |
| （2） | INI— | NPExt | | |
| （1） | INI— | NPObj | | |
| （1） | NPExt | DNI— | | |
| （33） | NPExt | NPObj | | |
| （1） | NPExt | PossGen | | |
| 1 | dp；adva | sp；obj ini；— | | |

## 3. 例句库

例句库以词汇库的词语为目标词，在给定其所属框架的前提下，标注句中各成分所对应的框架元素名称、短语类型和句法功能。

FrameNet 目前已与 SUMO、WordNet、牛津现代词典（COD）等词汇资源建立映射，主要应用于以下自然语言处理领域：词典编撰、词的歧义、语义分析、机器问答、信息抽取、机器翻译等。

### 二、FrameNet 框架关系

FrameNet 语义关系较为丰富，其体现为框架与词汇之间、框架与框架之间、框架元素与框架元素之间的对应关系。框架与词汇之间关系表现为类与成员关系，框架元素之间的关系主要借助于语义类型表达，并与 WordNet、SUMO 等本体相关概念建立对应关系。它不像 WordNet 能够明确揭示词汇之间的同义与反义、层级关系，可能将具有同义与反义关系的词汇放在同一框架中。

框架作为 FrameNet 的主要构成部分，其形成的框架网络体系使各个框架之间建立起语义关联，为其在自然语言理解的应用奠定了一定的基础。FrameNet 框架间的关系主要依赖于框架中的框架元素之间的对应关系进行划定，框架间的关系有继承关系、视角关系、总分关系、先于关系、起始关系、原因关系、使用关系、参见关系。其中最为常用的是使用关系、总分关系和继承关系。FrameNet 中，任何框架关系的数据是有向的关系，在两个框架之间，低依赖性或高概括性的框架称为上位框架，而另一个称为下位框架。在每一个具体关系中，有一个更精确的名称定义上位或下位框架，如表 2-7 所示。

表 2-7　框架与框架间关系的类型

| 关系 | 下位框架 | 上位框架 |
| --- | --- | --- |
| Inheritance（继承） | Child（子） | Parent（父） |
| Perspective_ on（透视） | Perspectivized（透视性） | Neutral（中性） |
| Subframe（总分） | Component（分） | Complex（总） |
| Precedes（先于） | Later（后） | Earlier（先） |
| Inchoative_ of（起始） | Inchoative（开始状态） | State（状态） |
| Causative_ of（原因） | Causative（原因） | Inchoative/State（起始状态） |
| Using（使用） | Child（子） | Parent（父） |
| See_ also（参见） | Referring Entry（参照款目） | Main Entry（主款目） |

1. 继承关系

继承关系是框架间关系中最多见的关系，对应于本体中的 is-a 关系。表示上位框架的框架元素、分框架及语义类型都被下位框架继承或者具体化。在父框架与子框架的继承关系中，父框架的所有特征在子框架中都会体现出来。其中，"子"概念都是相应"父"概念的一个细化。一般来说，继承关系具有如下特征。

（1）子框架完全继承父框架的属性特征。在这种关系中，任何严格的父类关系必须对应于一个平等或者有更加明确的子类，这种对应包括框架的核心框架元素（非核心框架元素除外）、大多数语义类型、框架之间的关系、框架元素之间的关系及框架元素的语义类型的对应。

（2）继承关系具有传递性。如图 2-12（University of California，Berkeley 2006）

所示，框架"Artifact"、"Text"、"Document"之间有继承关系。"Text"是"Artifact"的子框架，"Document"是"Text"的子框架。继承关系之间具有传递性，即"Document"也是"Artifact"的子框架。

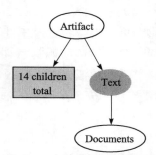

图 2-12　text 框架的继承关系

（3）父与子框架的框架元素等同或者框架元素之间是继承关系。图 2-13（University of California，Berkeley，2006）是图 2-13 所表示框架的框架元素之间的继承关系。"Text"的框架元素 Text 对应于"Artifact"的框架元素 Artifact，"Document"的框架元素 Document 对应于"Text"的框架元素 Text，框架元素之间具有继承性。

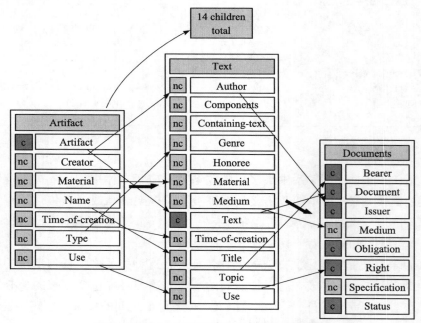

图 2-13　Text 框架的框架元素间的继承关系

## 2. 总分关系与先于关系

总分关系表示两个框架之间具有整体和部分的关系，我们可以把这两个框架分别称为总框架和分框架。总框架描述一个复杂事件，要完成这个事件需要通过若干动作，各动作就分别对应一个分框架。以"Criminal_ process"框架为例，该框架描述了一个犯罪嫌疑人被拘留、提审、审判、宣判的整个过程，"Criminal_ process"框架与表示每一个具体过程的框架之间为整体与部分的关系，前者称为总框架，后者称为分框架，如图2-14（University of California，Berkeley，2006）所示。对于本例中的子框架，"Arrest"这一动作先于"Arraignment"发生，"Arraignment"先于"Trial"发生、"Trial"先于"Sentencing"发生，我们称分框架间的这种关系为先于关系。在总分关系中大多数分框架的发生有自然的先后顺序，先于关系仅仅发生在总分关系的一系列分框架的发生前后过程中，它为一个特定的事件状态详细地说明了状态的顺序和事件的意义。这种关系可以是不可循环的有始有终的过程，也可以是一个循环的无休止过程。如上面的例子中"Criminal_ process"框架的分框架间的关系就是不可循环的先于关系，而图2-15（University of California，Berkeley，2006）所示的"Sleep_ wake_ cycle"框架的分框架间就是可循环的先于关系。

图 2-14　"Criminal_ process"框架的总分关系

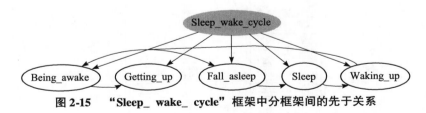

图 2-15　"Sleep_ wake_ cycle"框架中分框架间的先于关系

总分框架具有以下三个特点。

（1）总分关系的子关系之间相互独立并有先后顺序，即分框架间有一定的时间先后顺序。

（2）一个给定的分框架本身可能是一个复杂的框架。例如，"Trial"框架是"Criminal_ process"框架的分框架，它本身有丰富的结构，其中的一些可以被分解为简单的与其相关的框架。

（3）总框架的框架角色有些被分框架继承，但并不是所有的框架元素之间都有映射关系，即并不一定所有的框架角色都继承，这是总分关系和继承关系的主要不同之处，且总框架中有一个主体在不同的分框架中担任不同角色。如图 2-16（University of California, Berkeley, 2006）所示，"Criminal_ process"通过 Charges、Court、Defendant、Judge、Defense、Jury、Prosecution 等七个核心框架元素与"Trial"形成对应关系，但是在"Trial"框架中有一个核心框架元素 Case 并未与"Criminal_ process"框架对应，这说明总分关系的框架元素间的继承是不完全继承，而且总框架与分框架的框架元素基本上是等同关系，分框架的框架元素间亦是等同关系。

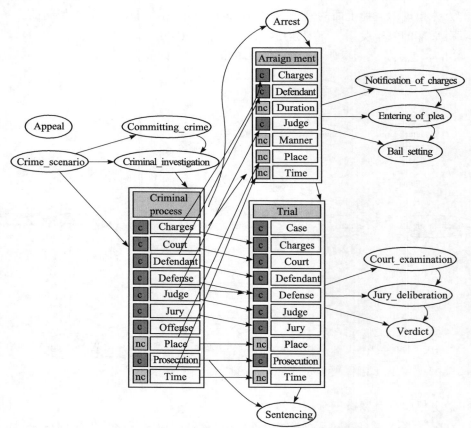

图 2-16    "诉讼程序"框架的框架元素的总分关系

3. 使用关系与透视关系

在框架的层级体系中使用关系是概括程度最高的一级框架，其都是背景框架。简单点说，它是一个"运用"框架体系，即此框架在被运用的框架中是什么角色。通常比较典型的情况是，具体框架是对抽象框架在某个视角的透视。对这种情况，我们说具体框架与抽象框架之间具有使用上的关系。使用关系的构建依赖于各级领域的依赖程度，这需要我们人为地构想一个空间立体模型，从三维的角度出发，同时结合领域体系结构来构建使用关系。总结现有的使用关系，我们可以将其初步归纳为以下 6 层，如表 2-8 所示。

**表 2-8 使用关系的层次结构**

| 使用关系名 | 描述 |
| --- | --- |
| 顶级 | 描述最普遍的概念间的关系 |
| 领域 | 描述特定领域中概念间的关系 |
| 任务/行为 | 描述特定任务或行为中的概念间的关系 |
| 应用 | 描述的是依赖于特定领域和任务的概念间的关系，即特定任务和行为具体是如何实现的 |
| 对象 | 描述概念的实例与概念之间的关系 |
| 属性 | 表达某个概念是另一个概念的属性 |

以 Committing_ crime 为例，它的使用关系框架模型如图 2-17 所示（University of California，Berkeley，2006），"Entity→Text→Law→Legality→Committing_ crime→Offenses→Severity_ of_ offense"是一系列从抽象到具体的层级使用关系。

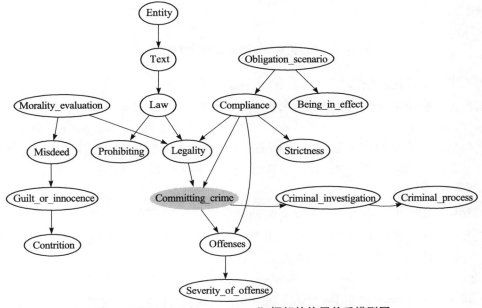

**图 2-17 "Committing_ crime"框架的使用关系模型图**

使用关系中上下位框架之间的框架元素也有对应关系，如图 2-18 所示（University of California，Berkeley，2006），Committing_ crime 与其上位 Legality 间的框架元素关系表现为 Action 与 Crime 之间的关系，Action 表示某些触犯或遵守法律的行为，Crime 表示法律所明令禁止的行为，一般是故意行为。Crime 是 Action 的具体表现，Committing_ crime 与其上位域 Compliance 间的框架元素关系为核心元素 Act 与 Crime、Protagonist 与 Perpetrator 之间的关系，Act 表示某一行为是否符合标准，Crime 是 Act 的具体表现，Perpetrator 是 Protagonist 的一个细化。

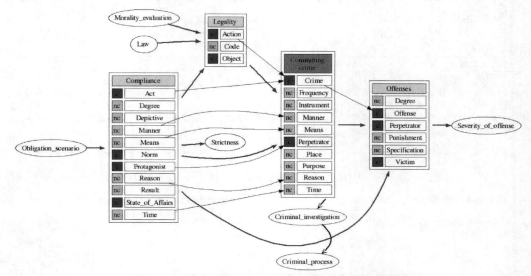

图 2-18　使用关系的上下位框架的框架元素的关系

视角关系是高概括性使用关系的改进，其在一定程度上是对关系框架的约束。这种关系的使用说明了至少存在两种可以采用中性框架的不同观点。例如，图 2-19（University of California，Berkeley，2006）的框架 Measure_ scenario 中描述了实体的两种价值属性，Dimension 和 Quantity 是两种不同的概念。在这两个概念中框架元素是不同的，所以这两种概念应该属于不同的框架，但是它们可以在发生同一个情景时作参考。

一般情况下，中性框架至少有两种视角框架，但是在一些例子中，一种视角框架与许多中性框架相对应。在视角关系中当一个框架用来描述某事件的一个状态时，它所连接的所有其他的框架关系也可以被用来描述事件的状态。例如，图 2-20（University of California，Berkeley，2006）中"交易"框架（Commerce_ goods-transfer）详细说明了一个在买者和卖者之间进行的复杂多主题交易（货币和商品），这个框架包括两个子框架："商业物品交换"（Commerce_ goods-transfer）和

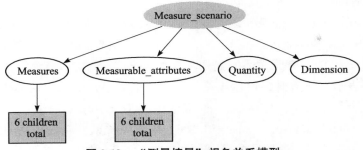

**图2-19　"测量情景"视角关系模型**

"商业货币交换"（Commerce_ money-transfer），它们与"交易"框架是继承关系。分别从买者和卖者两个角度出发，"交易"框架有两个视角框架，即"给予"（Giving）与"接受"（Receiving）。"商业物品交换"框架从买与卖两个角度出发又引发出了两个视角框架："商业购买"（Commerce_ buy）和"商业出售"（Commerce_ sell）。"商业购买"这个行为是"得到"（Getting）的子框架，证明了它与"得到"是继承关系。但当"商业物品交换"这种状态被描述的时候，"商业购买"作为一个事件而发生，因此，"商业购买"框架与"商业物品交换"通过视角关系而联系在一起，同样的道理，"商业出售"也是这样与"商业物品交换"构成视角关系的。在这两个视角关系中框架元素货币、商品、购买者和卖家是确定的。

**图2-20　"交易"框架视角关系模型**

### 4. 起始状态关系、原因关系和参见关系

在各种框架关系中，除了层级关系以外，还存在一些其他关系，如起始、因果和参见关系，这些关系一般由表示状态的框架承担。

Is Inchoative of（起始状态）表明该框架是哪些行为或状态的起点。例如，Inchoative_ attaching 是 Being_ attached 的起始状态框架，Inchoative_ chang_ of_ temperature 是 temperature 的起始状态框架。

Is Causative of（原因框架）表明该框架是哪些行为和状态的原因。例如，Cause_ to_ end 是 Process_ end 的原因框架，Name_ conferral 是 Being_ named 的原因框架。

另外，See Also（参见关系）是用来提醒用户注意与类似概念的区分、比较和对比的，不表示有任何概念角色或总分顺序上的关系。例如，Scrutiny 与 Seeking 之间就有一个参见关系，且在 Seeking 框架中的 Text 元素解释了二者的不同。同样，Apply_ heat 与 Cooking_ creation 之间互为参见关系。应该注意的是，参见关系并不同于层级关系，即参见关系没有方向性，两个框架互为参见关系。

### 三、框架元素类型

目前，FrameNet 中已有 90 000 多种框架元素，不同的框架元素组合构成一定的语义场景，借以描述具有该语义场景的词汇集合，框架元素类型及关系的研究意义在于可以对句法分析、句子消歧等自然语言处理，FrameNet 不断添加的新框架的定义，框架元素间依存关系的判别等有着重要作用。在 FrameNet 的框架结构中，框架元素的任意性较大，即使同一框架下的框架元素差异也十分明显。对于一个特定的语义框架而言，其不同的框架元素充当着各种语义成分，共同作用于描绘框架场景中的语义信息，以使该场景的语义更具体，信息更丰富。也就是说，框架元素承载的信息共同搭建了一个具体的语义场景。因此，根据框架元素对框架语义贡献的重要度，可将其分为三类：核心框架元素、外围框架元素和额外主题框架元素（Josef et al, 2007）。

#### （一）语义框架元素的类型

##### 1. 核心框架元素

核心框架元素描述框架语义下诸如施事、受事，或者主体、客体等重要的语义成分，是语义场景中在概念和逻辑上必不可少的成分。核心框架元素在不同语义框架中有所不同，体现了框架的个性。通常情况下，核心框架元素具有如下一些代表性的特征。

（1）特定框架下一些框架元素总是而且必须和相应的框架词元一起使用才能体现该框架场景的特殊性和语义的完整性。例如，传讯（Arraignment）框架下的三个核心框架元素，即指控（Charges）、被告（Defendant）、法官（Judge）与词元审讯（trail）共同使用就能描述一个完整的传讯（Arraignment）场景：针对被告的某种指控，法官传讯其到指定地点接受审讯。然而，这三个元素与词元审讯（trial）一起使用可以描绘另一种审判（Trial）场景，从而不同框架下词元的差异构成不同的情境。

（2）如果语义场景中的某个框架元素被缺省了，那么为保持场景语义上的连贯性和逻辑性，仍需对其进行明确的解释说明，该元素属于核心框架元素。例如，"史密斯到了"（Smith arrived），缺省了转移物体运动所到达的终点（Goal），然而鉴于思维的习惯性，仍需要对该元素进行语义描述并在语料标注过程中缺省标注，为进一步完善场景信息奠定基础。

（3）框架下，必须对某一个框架元素进行公开解释说明，那么该元素是核心框架元素。例如，类似（Similarity）框架，一定表示两个实体之间在某些方面，如外观、风格等存在相似性，其中元素"方面"是该语义框架的核心框架元素。

（4）句法意义上，框架元素需对场景中各个语义成分进行"填槽"处理，通常充当主语或宾语的元素肯定是核心框架元素。例如，"约翰盖了一间新房。"对应"John built a new house"、"The new house is built by John"两种表达，由于句法不同，两句中主语与宾语充当的语义成分作了相应对调，但这并不影响其各自对语义场景描述的重要性。

### 2. 外围框架元素

外围框架元素也称为非核心框架元素。与核心框架元素不同，外围框架元素具有使用上的通用性。它们并不是某个或者某些语义框架特定的，而是适合出现在任何语义框架场景中的，其通常描述的是与该场景相关的时间、地点、方式、手段等附属信息，为框架场景补充了核心框架元素支撑以外的其他语义成分，使语义更加生动详尽。例如，框架报仇（Revenge）中，复仇者（Avenger）、受伤部位（Injured_ party）、冒犯者（Offender）等核心元素与复仇事件发生的地点（Place）、时间（Time）、复仇原因（Cause）及结果（Result）等外围框架元素等相互补充才能较完整地刻画该场景。另外，外围框架元素还具有描述上的具体性，从原则上讲，即使是外围框架元素也需要对特定的语义框架进行具体的定义，如不仅需要定义框架事件（Event）的"事件发生的时间"（Time），而且还要定义框架自杀（Killing）的"自杀事件发生的时间"（Time）。

### 3. 额外主题框架元素

额外主题框架元素将自身语义场景（主题框架）建立在另外一个语义场景（额外主题框架）基础之上，该额外主题框架一般是蕴涵了主题框架并具有低依赖性或高概括性的继承关系的父框架，由于额外主题框架的存在，额外主题框架元素往往从概念上被认为并不属于其自身主题框架而属于额外主题框架，但事实上，主题框架还是将额外主题框架元素看成与其自身主题相关的框架元素，它们与其他元素一起来描述该主题框架目标词激活的语义场景，如：

```
[Lennert cook],another sweetie in my life,[cooked tgt] [me benefaction]
```

[dinner produced_food].

在该例句中，目标词 cook 激活了主题框架 Cooking-creation，me 从语义上是该框架的元素 Benefaction（受益者），但在 FrameNet 中，该元素并不属于框架 Cooking-creation，而是从额外主题框架（父框架）Creating 中"借调"过来作为 Cooking-creation 的额外主题框架元素，其更好地从语义层面上完整地描述了主题场景。

## （二）语义框架内核心框架元素间的关系

在一般情况下，某语义框架下体现该框架语义的所有词元都应该具有相同的框架元素。但在很多情况下，还需要建立一些无词元框架（Non_lexical_frame），这些框架旨在从逻辑上把语义框架结构中具有语义关系的两个或两个以上的语义框架联系起来，其自身不具有任何词元和框架元素。因此，语义框架内部的框架元素非常灵活，尤其是核心框架元素，它们能将框架场景间的特殊性和差异性表现出来。目前 FrameNet 中有三种典型的核心框架元素关系：核心集关系、必要关系和排斥关系，其中排斥关系和必要关系包含于核心集关系。

### 1. 核心集关系

核心集关系是指两个或更多个核心框架元素组合起来形成的关系。这些核心框架元素在概念和语义上相互依存，只要出现该关系中的部分核心框架元素，句子就能保持逻辑上的实用性和语义上的完整性。也就是说，核心集中的核心框架元素是逻辑"或"的关系，如语义框架自我运动（Self_motion）中的核心框架元素——发源地（Source）、路径（Path）、目标（Goal）和方向（Direction）为一个核心集，对于含有此框架词元的任何例句来说，它描述的是该框架词元与核心集中一个或多个核心框架元素间的语义关系。

尽管如此，框架间核心框架元素刻画自身框架语义的差异性，导致框架间核心集关系也存在着差异。这些差异总结如下。

（1）在绝大多数框架中，充当框架主体、客体，或者施事、受事语义成分的核心框架元素在核心集关系中必不可少。例如，框架避免（Avoiding）中的施事（Agent）、令人不愉快的情景（Undesirable_situation），框架财产（Possession）中的所有者（Owner）、财产（Possession）等。但也不排除有些框架中仅有主体/施事或者仅有客体/受事的情况，如框架死亡（Death）中仅有主体死亡实体（Protagonist）；框架扩展（Expansion）中仅有受事物体（Item）。

（2）许多框架中还有一些场景约束力度强，与框架主体、客体，或者施事、受事语义成分一起描述框架语义信息并彰显场景个性的核心框架元素，它们也是核心集关系中的重要成员。例如，框架盗窃（Theft）中的物品来源（Source）、受害者（Victim），框架放置（Placing）中的致因（Cause）、终点（Goal）等。

（3）有极少数的无词元框架，这种框架是框架体系结构在逻辑上的需要，旨在将两个或两个以上的多个框架从语义上联系起来，其本身并没有词元，核心集关系中仅存在支持该框架逻辑语义的核心框架元素。例如，框架给之前（Pre_ giving）是一个无词元框架，表示赠送者（Donor）、赠送主体（Theme）之前的状态，因此该框架的核心集关系中仅有这两个核心框架元素。类似的这类框架还有 Activity_ paused_ state、Post_ getting 等。

2. 排斥关系

排斥关系是指概念上相关联却不能在句中同时出现的核心框架元素间形成的关系，该关系使得两个或更多个框架元素彼此互斥。这种框架元素关系的出现是由于存在以下几种核心框架元素。

（1）相互或者单独地解释语义框架状态的核心框架元素。例如，在例句 a、b 的框架形成关系（Forming_ relationships）中，Marry 是框架"形成关系"（Forming_ relationships）的一个词元，a 句中"Her parents"作为框架元素"Partners"单独就能完整地描述该框架的状态，而 b 句中只有"He"与"Jane"分别作为框架元素"Partner1"与"Partner2"才能保证该框架状态语义上的完整性和逻辑性。因此，该框架的核心框架元素"Partner1"、"Partner"与"Partners"属于排斥关系，它们不能在句中同时出现。

a. ［Her parents partners］［married tgt］in 1984.

b. ［He partner1］［is going to marry tgt］［Jane partner2］.

（2）造成相同语义框架状态的不同致使框架元素。例如，语义框架"杀害"（Killing）中，Killer 与 Cause 分别是该框架下两个不同的核心框架元素，其中 Killer 是"具有感知觉的主体"，Cause 是"具有非感知觉的外因"，它们作为不同的致使性语义角色较形象地使语义场景达到了相同的语义结果或者状态，因此这两个框架元素属于排斥关系。

a. ［The editor killer］［killed tgt］that important word.

b. ［The sudden outbreak of mudslide cause］［killed tgt］the residents of entire villages.

（3）以事件或者事件参与者的形式存在的框架元素。例如，get away from 与 flee 是语义框架逃脱（Evading）的两个词元，Capture 描述的是该语义框架场景中具体的追捕事件或绑架事件，Pursuer 为追捕者或绑架者，"Pursuer"与"Capture"都是为了描述逃避者（evader）所要逃脱的事实，因此它俩属于排斥关系。

a. He ［had gotten away from tgt］［the terror-stricken kidnapping capture］。

b. The criminal ［fled tgt］［the enraged families of victims pursuer］。

3. 必要关系

必要关系是指两个或多个核心框架元素间的依赖关系，即框架元素 a（b）在句中出现时，b（a）也必须出现，这种必要关系几乎存在于每个框架当中。这些框架元素一般具有如下特点。

（1）两个框架元素同时出现构成互补性的语义成分描述其相应的语义框架，如框架闲聊（Chatting）：

［I interlocutor_ 1］［gossiped tgt］［with the rest of the choir interlocutor_ 2］for a little while.

目标词 gossip 是框架闲聊的词元，元素"interlocutor_ 1"与"interlocutor_ 2"在概念上具有语义对称性，如果两者仅出现其中之一就因缺失了语义成分无法描述闲聊这一语义场景。类似的框架还有相容性（Compatibility）、类似（Similarity）、形成关系（Forming_ relationships）等。

（2）描述语义框架下的施事、受事，或者主体、客体的框架元素都属于必要关系。例如，在框架虐待（Abusing）场景中，施事者——虐待者（Abuser）的虐待行为应该有明确的受事对象——受害者（Victim），其在句法上才有意义。大多数框架中符合必要关系的框架元素间都属于这种情况，类似的框架还有行为（Activity）、沉溺（Addiction）、调节（Adjusting）等。

值得注意的是，FrameNet 框架内部的这三种核心框架元素关系只适用于所属框架描述的场景，而不能跨框架使用或用于与该框架无关联的其他框架（Bahadorreza et al.，2007），如框架类似（Similarity）的两个核心框架元素实体（Entities）和方面（Dimension）是核心集关系，其只适用于该框架或者与之具有语义关系的其他框架，如多样性（Diversity）框架。

**（三）继承关系框架间的核心框架元素关系**

继承关系在 FrameNet 中是最常见的一种关系，其对应于本体中的 is-a 关系。继承关系的框架间上下位的层次结构关系要求子框架对父框架进行具体描述，这必然使得其框架元素尤其是核心框架元素间也存在一定的关系。因此我们将从三个方面来进行具体阐述。

**1. 核心集关系**

父框架中属于核心集关系的框架元素，至少有一个会被子框架继承，因此子框架会继承父框架的核心集关系。实际上，父框架核心集关系中的框架元素在子框架中会用语义更具体、更有约束力的元素来描述并取而代之。图 2-21 中框架逃避（Evading）继承了框架避免（Avoiding），前者核心集关系中的逃亡者（Evader）与追捕事件（Capture）分别继承了父框架的施事（Agent）与不可避免的情形（Undesirable_ situation），显然子框架元素比父框架元素在定义上进行了更多的语义限制。

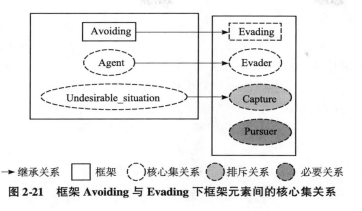

图 2-21　框架 **Avoiding** 与 **Evading** 下框架元素间的核心集关系

2. 排斥关系

父框架中互为排斥关系的两个框架元素若被子框架完全继承，那么子框架中它们也肯定互斥。如图 2-22 中，父框架传递行为（Transitive_ action）中互斥的两个元素施事（Agent）与原因（Cause）完全被框架杀害（Killing）继承，因此子框架中对应的元素凶手（Killer）与原因（Cause）也必定互斥。如果父框架中互斥的两框架元素部分或者完全没有被子框架继承，那么子框架将会舍弃父框架中的这对排斥关系，如框架死刑（Execution）没有完全继承其父框架杀害（Killing）中的两个互斥元素，故该子框架不存在任何排斥关系。另外，如果父框架中不存在排斥关系，那么子框架至少需要引入一个新元素才能使其框架元素间存在排斥，如图 2-22 中，框架避免（Avoiding）下的框架元素不存在排斥关系且被框架逃避（Evading）继承，子框架引入了元素追捕者（Pursuer）与继承而来的元素追捕事件（Capture）一起构成了子框架下框架元素间的排斥关系。

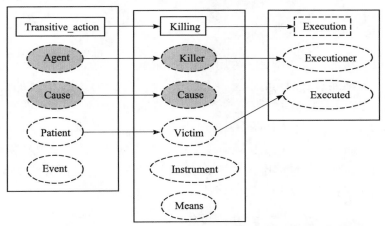

图 2-22　框架 **Transitive_ action**、**Killing**、**Execution** 元素间的排斥关系

### 3. 必要关系

与排斥关系类似，子框架完全继承了父框架中互为必要关系的两个框架元素，那么子框架中它们也互为必要关系。如图 2-23 所示，父框架有意影响（Intentionally_ affect）中互为必要关系的元素施事（Agent）与受事（Patient）被子框架校正（Adjusting）完全继承，故子框架元素施事（Agent）与校正实体（Part）也属于必要关系。若子框架部分或者完全没有继承父框架中互为必要关系的两个框架元素，那么子框架的元素间将不存在该必要关系，如框架类似（Similarity）中有两个互为必要关系的框架元素实体 1（Entity_ 1）与实体 2（Entity_ 2）未被子框架多样性（Diversity）继承，因此该框架的子框架元素间不存在任何必要关系。

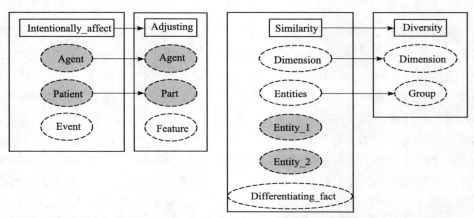

**图 2-23** 框架 Intentionally_ affect、Adjusting 与框架 Similarity、Diversity 下框架
元素间的必要关系

## 四、语义类型

FrameNet 中的语义类型是一种用于捕获不适于包括在框架网络结构体系中的有关框架、框架元素及词元的语义事实的机制。它表示了词汇固有的词类特征和语义特征，与词汇所在的上下文无关。FrameNet 中的语义类型有本体类型（Ontological_ type）、情感评价（Affect_ describing），捆绑词元（Bound_ LU）、框架类型（Framal_ types）等，既体现了词的概念意义、感情意义、搭配意义等，从框架的用处及功能的角度定义，也从词汇学角度提取框架中词元的特征。FrameNet 所定义的语义类型，其主要具有以下功能。

（1）表示框架元素的取值类型。例如，框架元素"Cognizer"（认知者）的语义类型为"Sentient"（有知觉力者），这表明该框架元素在例句标注中的取值只能是指称"有知觉力者"的词语。在框架结构体系中，框架元素的任意性较大，而且不同框架的框架元素也千差万别。例如，框架 Perception_ body（感知部位）中的框架元素 Experiencer（体验者）与框架 Piracy（侵犯版权）中的框架元素 Perpetrator（犯罪者），属于不同框架中的元素，但它们的语义类型却是相同的，都是"有知觉力者"。因此根据框架结构体系并不能预测框架元素的语义类型，需借助于专门的语义类型定义建立框架元素之间的对应关系。

（2）标识框架、词元的用法及功能。比如框架语义类型中的"无词元框架"（Non_ lexical_ frame），它表明创建某个框架只是由于框架结构体系在逻辑上的需要，该框架只是参与了与其他框架形成的继承关系、父子关系或使用关系等结构中，其本身没有词元。实际上，这种用于说明框架的用处及功能的的属性并不是对框架语义的描述，而是对框架的一种元描述。

（3）标记同一框架下词元集语义变化的纬度。FrameNet 用户最感兴趣的是这一功能，它表明说话者对某种情形的态度，可用于标记很多框架中的词元，从而捕获各词元在情感意义上的区别信息。例如，在框架 Judgment（评价）中，按照对被评价者做出的是积极的还是消极的评价，将词元"表扬"（praise v）与词元"批评"（criticize v）分别标记为语义类型"积极评价"（Positive_ judgment）和"消极评价"（Negative_ judgment）。

（4）从知识本体的角度，其揭示了框架之间、框架元素之间及框架与框架元素之间的逻辑关系，为经验主义的框架网络提供了理性支持，使其更具科学性。正如 FrameNet 的项目经理贝克（Baker Collin）所说"虽然我们过去并没有要构建一个正式的本体的野心，但是，我们发现自己正在做着一件与之相似的事情"（Collin，2007）。

目前的 FrameNetRelease1. 3 版本定义了 72 个语义类型，用于记录框架及框架元素结构体系中所不包含的信息。根据语义类型定义的对象不同，可以将其分为三个范畴：本体类型、框架类型和词汇类型。

1. 本体类型

FrameNet 中的本体类型（Ontological_ type）相当于利奇提出的 7 种语义类型中的概念意义。概念意义也称外延意义、逻辑意义或认知意义，它是词义的核心（冯百才，2001）。本体类型主要用于对框架、框架元素和词元所指称的事物或现象进行分类，而且这种分类是跨框架的。不同框架下的词元可能属于同一个本体类型。例如，框架生物领域（Biological-area）中的沼泽地（bog. n）、框架自然物（Natural-features）中的海湾（bay. n）等词元，它们的语义类型都是本体类型"水体"（Body_ of_ water）。如果一个框架的语义类型为某个本体类型，那么该框架下的每个词元都具有与框架相同的或比框架更具体的本体语义类型。

FrameNet 定义了 49 个本体类型，其中大部分是用于对框架元素进行分类的，实际上是对框架元素可能的取值进行分类，而不是对框架元素所表示的语义角色进行分类。49 个本体类型通过子类关系（在逻辑上相当于继承关系或者是"is-a"关系）相互联系，构成一个本体语义类型的体系结构，如图 2-24 所示。

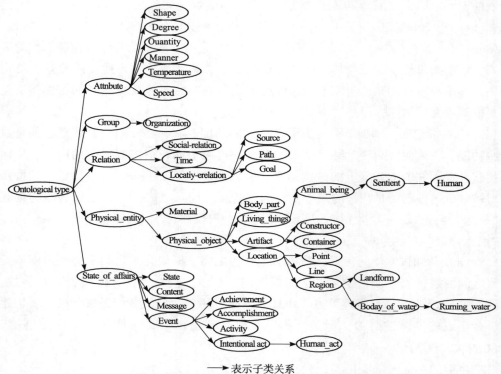

图 2-24　FrameNet 中本体语义类型的体系结构

2. 框架类型

框架类型（Framal_ type）是 FrameNet 特有的语义类型，它只用于对框架进行分类，用于说明框架的用处及功能。框架类型不能用于标记该类型框架下的词元或者任何与该类型框架具有联系的其他框架，包括它的继承子框架。框架类型包括两个子类型：无词汇框架（Non_ lexical_ frame）和非视角化框架（Non-perspectivalized_ frame），如图 2-25 所示。

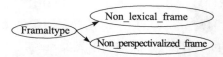

图 2-25　FrameNet 中框架语义类型的体系结构

（1）无词汇框架（Non_ lexical_ frame）。无词汇框架是指本身没有词元的框架，定义这一类型的框架是为满足框架体系结构在逻辑上的需要，目的只是将两个或两个以上的多个框架从语义上联系起来。例如，框架得到之后（Post_ getting）是一个无词汇框架，用于表示一个接收者（Recipient）得到某个主体（Theme）之后的状态。该框架本身并无词元，它的出现只是在逻辑上与框架获得（Getting）通过先于关系（Precedes）相联系，与框架拥有（Possession）通过继承关系（Inheritanc）相联系。这样，用户通过框架"得到之后"可以清晰地理解这样一个事实：得到某物之后的一个状态就是拥有某物。

（2）非视角化框架（Non_ persepectivalized_ frame）。非视角化框架是对框架所激活的语义场景没有表明视角的框架，其在描述中不突出场景中的任何角色。例如，框架商业活动（Commerce_ scenario），表示商业活动事件的参与者，即买方、卖方、货币、货物之间的相互作用，但是并不突出其中的买与卖活动。在一非视角化框架中，尽管所有词元具有相同的语义场景，但词元本身呈现出很大的多样性，其所涉及的框架元素及事件参与者都会有所不同，因此可以从不同角度将其分解为一些更小的框架。这样分解后的框架所包含的词元数量将会较少。

3. 词汇类型

词汇类型（lexical-type）主要用于对词元进行描述，它们不是对词元或框架语义所表示的实体的分类，而是从词汇的感情色彩、搭配意义等词汇学角度分析词汇，甚至通过对其他框架的理解来明确该词汇的含义。FrameNet 中的词汇类型共有 23 个，它们按照属种关系形成一个词汇类型结构体系，如图 2-26 所示。

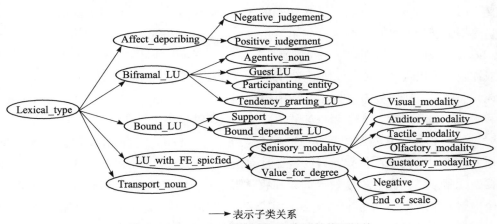

图 2-26 FrameNet 中框架语义类型的体系结构

（1）感情描述（Affect_ describing）。感情描述用于描述说话者或词语的使用者对描述对象、事件或状态的态度。它包括两个子类型：正面评价（Positive_ judgement）和负面评价（Negative_judgement）。这种类型的词元对某种外在的或隐含的评价表达了正面的或负面的观点，或者表现出对某种现象的正面或负面的感情。例如，框架主观体验（Experiencer_subj）中的喜欢（like. v）与憎恨（hate. v）分别表示褒义与贬义两种感情。这样将同一框架中的词元从感情描述层次上进行区分。

（2）双框架词元（Bi_framal_LU）。双框架词元表示的含义与其所在框架的语义密切相关，但二者之间不再是继承关系，只是使用关系。这与一般词元的语义通常继承其框架的语义不同。双框架词元包括施事名词、参与实体、客词元和趋向等级词元四种子类型。施事名词是指词元在框架中充当一个框架元素，并且该框架元素与框架元素施事（Agent）具有继承关系，是施事的下位类，那么我们称这样的词元为施事名词（Agentive_noun）。参与实体（Participating_entity）是指在框架中充当框架元素受事（Patient）的词元，用于表示框架中的非主动参与者；客词元（Guest_LU）表示词元尽管包含在某一框架中，但对其理解很大程度上还是依赖于该框架以外的其他框架。趋向等级词元（Tendency_grading_LU）通常用于定义具有"可被……的"含义的形容词词元，这类形容词的含义中融入了动词的概念，表示框架中的某事物成为框架元素受事的倾向。

（3）捆绑词元（Bound_LU）。捆绑词元（Bound LU）包括支撑词（Support）和依存成分（Bound-dependents）。这类词元本身不能单独表达一个完整的意义，但是，当它们与某些词甚至某一类词中的任意一个一起使用时，都可能产生语义或激活一个框架。支撑词只有在句法上被用做某几个依存项的控制项时才能在语义上激活某一框架，此时，虽然句子的句法中心是支撑词，但句子的语义中心则是支撑词所控制的目标名词。句子"Receiving the notification so late almost gave me a heart attack"，其中的"give. v"就是支撑词；依存成分是指只有与特定的支撑词或控制词连用时才能表示框架语义的词元。可以说，这类型的词元是一些"半成品"词元。例如，框架姿态（Posture）中的词元注意（attention. n）只有与"stand at"和"stand to"搭配才能表示框架的语义"采取某种姿势"。

（4）框架元素限定词元（LU_with_FE_specified）。框架元素限定词元是指词元本身对它的某些框架元素的特征具有明确的规定。目前 FrameNet 使用了两种框架元素限定词元：程度限定词元和感觉形态词元。程度限定词元的框架包含一个框架元素程度（Degree），它是对实体某一具体属性相对于属性标准在某个方向上偏离程度的描述，包含两个属性纬度，即偏离方向和偏离大小；感觉形态词元是指与某种感官体验（视觉、听觉、触觉、嗅觉和味觉）有关的或直接表示感官体验的词元。

（5）透明名词词元（Transparent_nouns）。透明名词词元具有一种特殊的语义，它的主要功能是对另一个名词进行某种描述。透明名词描述的信息有两种：一是其所描述名词不具备的信息，如数量、组、形状等信息，如"I read that kind of book in college"；另一是隐含在所描述名词内部的信息，作为某实体的实例。通常，透明名词所表达的意义对谓词论元的取值并不产生多大影响，起作用的是透明名词所描述的名词。因此在大多数情况下，分析理解句子含义时完全可以略过透明名词。

## 五、框架关系中语义类型映射对应

FrameNet 框架关系主要包含继承关系、总分关系、先于关系、使用关系、视角关系、起始关系、原因关系、参见关系八种类型。其关系类型的划定依据是框架中的框架元素之间的对应关系，因此每一关系的框架元素的映射是有差异的。

### （一）框架关系的框架元素映射

#### 1. 继承关系的框架元素映射

继承关系是框架间关系中最多见的关系，对应于本体中的 is-a 关系。表示父框架所有的框架元素、分框架都被下位框架完全继承或者具体化。通常情况下，父框架与子框架的框架元素是等同的或者框架元素之间是层级关系。

#### 2. 总分关系和先于关系的框架元素映射

总分关系表示两个框架之间具有整体和部分的关系。总框架描述一个完整的事件，这个事件包括多种情况或者划分为几个部分，那么这各种情况或各个部分就是它的分框架。先于关系仅仅发生在总分关系的一系列分框架的发生前后过程中，它为一个特定的事件状态详细地说明了状态的顺序和事件的意义。总框架的框架角色有些被分框架继承或具体化，但并不是所有的框架元素之间都有映射关系。通常总框架与分框架的框架元素基本上是等同关系，分框架的框架元素间亦是等同关系，并且总框架中有一个主体在不同的分框架中担任的角色不同。

#### 3. 使用关系的框架元素映射

使用关系表示两个框架之间具有抽象与具体的关系，在框架的层级体系中概括程度高、抽象的框架一般是背景框架，通常这种高层的抽象框架是一个"被使用的"框架体系，即此框架的内容会在某个方面或多或少地被运用在下层的具体框架中，这时我们称具体框架与抽象框架之间具有使用关系。使用关系中上下位框架之间的框架元素具有对应关系，通常表现为框架元素具有层级关系。

#### 4. 透视关系的框架元素映射

透视关系是一个平级框架间的模糊映射，在一定程度上是对框架关系的约束。

如果一些框架包含了两种以上的从不同视角来解释的含义，我们称这种框架为透视框架，其从不同角度解释的含义所属的框架称为视角框架。在透视关系中，当一个视角框架用来描述某个事件的一个状态时，它所连接的所有其他的平级视角框架也可以被用来描述事件的状态。透视关系的上下位框架间的框架元素之间具有等同关系，透视框架通常包含下位框架对应框架元素的集合。

5. 起始状态关系、原因关系和参见关系的框架元素映射

起始状态关系表明该框架是哪些行为或状态的起点。例如，框架"温度"（Temperature）和框架"温度变化"（Inchoative_ change_ of_ temperature）是一种起始状态关系，起始状态关系中框架元素的关系表现为等同或者是层级关系。

原因关系表明该框架是哪些行为和状态的原因。事情都是有前因后果的，如框架"赐予名字"（Name_ conferral）是"框架被命名"（Being_ named）的原因框架，原因关系中框架元素的对应一般为等同关系，并且在原因框架中一般存在一些致使结果发生的原因框架元素。

另外，参见关系是提醒用户注意与类似概念的区分、比较和对比，不表示有任何概念角色或总分顺序上的关系。两个具有参见关系的框架之间有一个参见的焦点，这个参见的焦点表现为参见关系中框架元素的等同映射。

（二）基于框架元素映射的语义本体类型对应

在框架关系中，框架元素的对应划分有四种情况：完全等同（命名相同、意义相同）、基本等同（命名不同、意义相近）、层级关系（命名不同、意义具有层级包含关系）、相关关系（命名不同、意义不同、框架语义层面有关联）。现在我们以这四种关系为核心，讨论其语义类型的对应情况。

1. 继承关系的语义类型

在继承关系中，父框架和子框架对应的框架元素之间的语义本体类型关系有两种：语义类型相同或者是语义类型具有等级关系。

如图 2-27 所示，我们选择具有继承关系的框架"故意作用"（Intentionally_ affect）和框架"攻击"（Attack），其中，Attack 是子框架，Intentionally_ affect 是父框架。框架元素 Manner、Reason、Time、Place 属于完全等同关系，其语义类型相同；而框架元素 Agent 和 Assailant、Patient 和 Victim、Instrument 和 Weapon 之间属于层级关系，语义类型对应有两种情况：完全相同或者具有等级关系。例如，Agent 和 Assailant，Instrument 和 Weapon 的语义类型是相同的，Patient 和 Victim 的语义类型则不同，Patient 的语义类型"Physical_ entity"是 Victim 语义类型"Sentient"的上位；父框架中的 Place 元素与子框架中的 Source 属于相关关系，其语义类型具有等

级关系，即语义类型 Source 属于 Location_ relation 的子类。

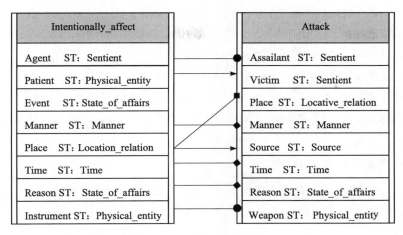

图 2-27　继承关系中 Attack 框架的语义类型对应

注：ST 表示语义类型，其左边为框架元素，右边为语义类型，以下图中的含义相同。

2. 总分关系的语义类型

在总分关系中，框架元素的语义类型关系有两种情况：总框架与分框架的语义类型相同或者呈语义等级关系。图 2-28 表示总框架"往返移动"（Traversing），其包括两个分框架"到达"（Arriving）和"出发"（Departing）。

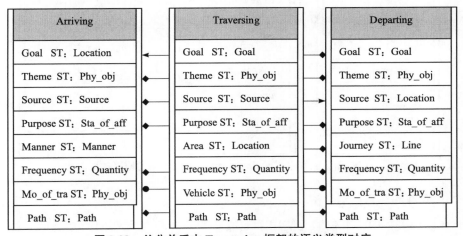

图 2-28　总分关系中 Traversing 框架的语义类型对应

总框架和分框架所具有的完全等同的框架元素有 Goal、Theme、Source、Frequency、Path、Purpose，其中，框架元素 Theme、Frequency、Path、Purpose 的分框架与总框架的语义类型一致，而元素 Goal、Source 中语义类型表现为总框架与分框架的不同，在分框架中 Goal 和 Source 的语义类型都进行了细化；总分关系的框架元素属于层级关系，其语义类型一致，如 Vehicle 和 Mode_transportation 具有相同的语义类型"Physical_object"。如果框架元素属于相关关系，如 Area 和 Journey，其语义类型表现为等级关系，即语义类型 Location 和 Line 之间具有等级关系。

3. 先于关系的语义类型

先于关系的各个框架详细地说明了总框架事件发生的阶段性状态，框架元素的关系表现为一个主体在各个分框架中担任的角色不同，其对应的语义类型一般是相同的。

如图 2-29 所示，框架"犯罪程序"（Criminal_process）的三个分框架之间（Arrest→Arraignment→Trial）存在先于关系，框架元素完全等同，则语义类型相同，如 Charge、Place，其语义类型完全等同。框架元素尽管在形式上相互并无关联，但实际表现为一个主体在不同分框架中承担的角色不同，其语义类型相同，如 Authority 和 Judge、Suspect 和 Defendant，其语义类型都为 Sentient。

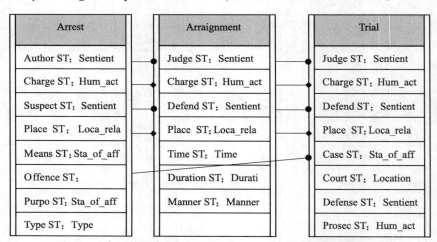

图 2-29　先于关系中 Criminal_ process 分框架的语义类型对应

4. 使用关系的语义类型

在使用关系中，下位框架使用了上位框架对应框架元素的语义类型。虽然映射到各个下位框架的框架元素会有所不同，但是对应框架元素的语义类型和它们所使用的上位框架的语义类型是相同的。

图 2-30 表示框架 Abusing 的使用关系模型：Intentionally_ act→Experience_ bodily_ harm→Cause_ harm→Abusing，属于一系列从抽象到具体的层级使用关系。完全等同的框架间框架元素，如 Manner、Place、Time，其语义类型相同。相关关系的框架元素表现为同一主体在不同框架中的具体体现，如 Agent、Experiencer、Abuser，它们的语义类型都是 Sentient。层级关系的框架元素 Injuring_ entity 与 Victim 的语义类型也具有等级关系。

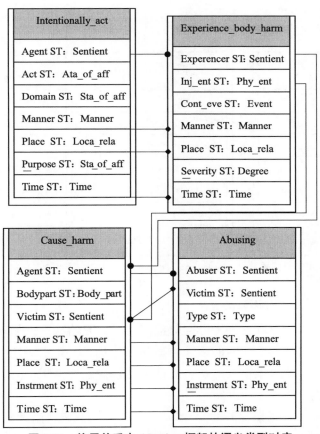

**图 2-30　使用关系中 Abusing 框架的语义类型对应**

5. 透视关系的语义类型

透视框架和其拥有的视角框架一般属于同一个领域，透视关系中所对应的框架元素表现为相同的语义类型。另外，透视框架也可能包含不同视角框架的某些对应框架元素的集合，这种集合元素的语义类型决定了其分元素的语义类型。同时各视角框架下存在着自身特有的框架元素，这些框架元素的语义类型根据实际意义有所差异。

如图 2-31 所示，透视框架"商品交易"（Commerce_ goods_ transfer）与视角框架"买"（Commerce_ buy）和"卖"（Commerce_ sell）的框架元素不完全相同，但是它们对应于同一商品交易情景。透视关系中完全等同的框架元素占大多数，如 Buyer、Seller、Goods、Money 等，其语义类型也完全相同。此外，透视框架中还可能存在视角框架中某些元素的集合，即 Exchanger 是 Buyer 和 Seller 的合称，其语义类型相同，为 Sentient。视角框架中也存在某些只针对本框架而存在的框架元素，如 Commerce_ buy 框架中的 Recipient，Commerce_ sell 框架中的 Reversive，其语义类型不同。

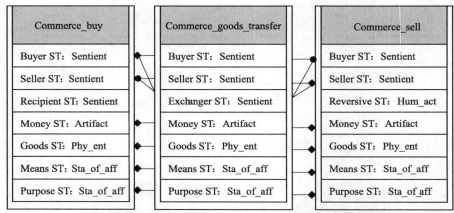

图 2-31　透视关系中 Commerce_ goods_ transfer 框架的语义类型对应

6. 起始状态关系的语义类型

起始状态关系中存在着许多等同的框架元素，起始状态框架和状态框架都属于一个领域，状态框架中元素的语义类型和起始状态框架中对应元素语义类型是相同的。同时，状态框架中表示状态的框架元素在起始框架中有相应的框架元素对应，其语义类型一致。

如图 2-32 所示，框架"温度"（Temperature）是框架"温度变化"（Inchoative_ change_ of_ temperature）的起始状态框架，两个框架中存在许多相同的框架元素，如 Circumstances、Time、Subregion 等，这些框架元素的语义类型相同。属于层级关系的框架元素 Item 与 Entity 的语义类型相同，同为 Physical_ object。在"Inchoa-Tive_ change_ of_ temperature"中表示状态的框架元素，如 Final_ temperature、Int-ial_ Temperature、Temperature_ change 是框架 Temperature 的框架元素 Temperature 的状态参数，其语义类型相同。

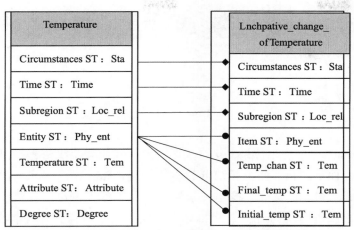

**图 2-32　起始状态关系中 Temperature 框架的语义类型**

**7. 原因关系的语义类型**

在原因关系中，原因框架与结果框架两者共有的框架，其语义类型相同，同时原因框架中有表示动机、目的、工具所必需的框架元素，其语义类型随之变化。

例如，框架"名字"（Name_ conferral）和框架"被命名"（Being_ named）的中有相同的框架元素，如 Entity、Name、Name_ source、Speaker，其语义类型在两个框架中完全相同。另外，在原因框架"Name_ conferral"中存在一些会引起结果框架"Being_ named"发生的元素，如 Motivation、Instrument、Purpose 等，这些语义类型在结果框架中不存在。

**8. 参见关系的语义类型**

在参见关系中，相互参见的两个框架具有较大的相似性，因此相同框架元素的语义类型相同，其余框架元素的语义类型之间不存在某种必然的关系。

例如，框架"填充"（Filling）参见于框架"放置"（Placing），二者参见的焦点是框架元素 Theme，框架 Placing 中框架元素 Theme 是指放置动作过程中改变位置的实体；框架 Filling 中框架元素 Theme 是指改变处所的物质或实体。因此其相同的框架元素 Theme、Agent、Cause、Goal、Purpose、Reason 语义类型相同。

从上面讨论可知，在 FrameNet 中，框架元素之间的关系决定着框架关系类型的界定，我们依据框架关系中框架元素的变化情况，来推断其语义类型的一致性问题，同时发现了其语义关联问题，即如果框架元素存在着四种关系中的任意一种，都会有语义类型相同或者语义等级关系的存在。依此结论，我们将借助已标注的语义类型成果，来标注新框架及框架元素的语义类型，以弥补语义类型的不完整性问题，同时为进一步明确框架语义关系奠定分析基础。

# 第三章 汉语框架网络本体的构建

基于 FrameNet 的理论成果，结合汉语特点，我们着手汉语框架网络本体的构建，采用自上而下及自下而上相结合的本体构建方法，结合专家、语料库、其他本体等知识，对概念的选择、概念关系的界定作了深入探讨，并对形式化描述中自动化实现手段进行了研究，最终目标在于实现汉语框架网络本体的具体应用，通过所构建的特定法律领域的知识本体，实现网络法律文本资源的语义理解，应用于词义排歧、识别用户提问、信息语义检索等多种领域，以探讨语义 Web，本体论理论、方法和技术，以及本体在语义检索中的应用。

## 第一节 汉语框架网络本体构建方法

汉语框架网络本体以框架语义学为基础，参照 FrameNet 项目，由山西大学联合上海师范大学等院校共同构建，项目团队成员涉及汉语言文学、计算机、情报学、数学等多个学科专业，较好地发挥了专业互补性优势。我们采用自上而下及自下而上相结合的本体构建方法，一方面参照 FrameNet 项目已有的研究成果，结合汉语特点进行相应调整；另一方面以各个领域构建为目标，根据领域专家参与提出的该领域内的知识体系，同时考虑领域真实语料库的特征，不断修正本体体系。

因此汉语框架网络本体的获取主要有三方面的来源：FrameNet、专家、文本语料库。在此基础上，识别各领域内外相关的概念并抽取相应属性，建立概念之间的关系，并利用所识别的概念及关系来创建新的本体，将已有的本体与新建本体进行融合，并采用形式化语言进行表述。

### 一、确定本体的应用范围与目的

FrameNet 项目的构建以大量语料库分析为核心，从英国国家语料库（BNC）、美国国家语料库（ANC）、美通社新闻等大量的电子文本中集中抽取了特定领域的英文词汇的相关联的语义及句法特征的信息。其涉及的领域有交易、时间、空间、身体、运动、生活、社会、情绪、认知、机会、交流、感知等，就每一个领域而言，由于语料库覆盖范围有限，每一个领域并没有形成一个系统化知识体系，还需不断地完善。基于此，考虑到知识本体构建的工作量较大，同时它又需要较深入系统的描述，因此我们选择以领域为核心来构建汉语框架网络本体。考虑到法律案例库对当前普通用户及法律工作者具有较重要的使用价值，因此我们选用法律领域作为研究对象。

## 二、识别领域内部概念及其属性

确定法律领域为研究对象，以法律专家的参与为核心，同时结合 FrameNet 已构建的 86 个法律框架的研究成果，我们对该领域进行了具体分析，通过重用和共享方式，识别法律领域内部概念及其属性。

（1）建立法律文本语料库。我们以《法制日报》每期的刑事案件为资源，从法制网下载案例，按照知识体系将其进行人工分类，采用分词和词性标注软件、未登录词识别软件、词频统计软件，对文本库进行分词、词性标注，并进行人工校对后，形成网络文本语料库。

（2）识别法律概念及其相关属性。以法律专家的领域知识为标准，以网络文本语料库为资源，抽取法律领域的核心动词，参照 FrameNet 的构建成果，明确与该动词概念相对应的框架、框架元素及其所包含的词汇。见表 3-1 所构建的"盗窃"框架。

表 3-1　"盗窃"框架

| 框架名称 | 盗窃 |
|---|---|
| 定义 | 以非法占有为目的，秘密窃取数额较大的公私财物或者多次盗窃公私财物的行为 |
| 词元 | 盗用、偷窃、偷、行窃、盗窃、盗、偷盗 |
| 框架元素 | 财物［Goods］、犯罪者［Perp］、源点［Src］、受害者［Vict］、频率［Freq］、工具［Inst］、修饰［Mnr］、方法［Mns］、空间［Place］、目的［Purp］、原因［Reas］ |
| 框架关系 | IsheritsFrom 犯罪、Is Used By 抢劫 |

（3）实现语义标注。根据所构建的法律框架，对其所包含的各个词元进行语义标注。以北京大学汉语语言学研究中心的现代汉语语料库为可用资源，从语料库中不同的位置（前端、中端、尾部）下载一批包含目标词元的句子作为标注对象。以语料库中例句为标注对象，以词汇为目标词，采用手工标注，根据词汇所对应的框架对例句中的成分标记框架元素名称、短语类型和句法功能。

短语类型，即短语的句法属性类型。在标注中"短语"是广义的，既指由两个或两个以上词语组成的结构，也包括由一个词语构成的句法单位。我们只标注框架元素所在的短语，目标词和句子中其他成分都不标注短语类型。所以，通俗地讲，短语类型是指该框架元素在整个句子中是什么类型的短语，主要有名词性短语（np）、动词性短语（vp）、副词性短语（dp）、形容词性短语（ap）、介词短语（pp）和时间短语（tp）等；句法功能是指该框架元素在句子中充当什么句法成分，主要有外部论元（ext）、主语（subj）、宾语（obj）、补语（comp）、状语（adva）等。

例如，对以"盗用"为目标词的例句——"他们照明、做饭甚至煮猪食、取暖均盗用我厂的电"进行句法及框架语义标注。根据句法依存关系，分析例句中目标词元的依存项词组在语义框架中充当的框架角色，将各个词组的短语类型和句法功能也进行标注。

从表 3-2 可以看出，"他们"充当犯罪者框架元素，是名词性短语，在例句中充当外部论元的句法成分；"我厂的电"充当财物框架元素，是名词性短语，在句子中充当宾语句法成分。经过标引后，结果是

〈perp-np-ext 他们 r〉照明 v、w 做饭 v 甚至 c 煮 v 猪食 n、w 取暖 v 均 d〈tgt 盗用 v〉〈goods-np-obj 我厂 n 的 u 电 n〉。w

其中，tgt 代表目标词，框架元素、短语类型和句法功能用"〈〉"来表示。

**表 3-2　例句中各依存项词组的主要标注信息**

| 标注类型 | 他们 | 我厂的电 |
| --- | --- | --- |
| FES（框架元素） | 犯罪者［Perp］ | 财物［Goods］ |
| PTS（短语类型） | NP | NP |
| GFS（语法功能） | EXT（外部论元） | Obj（宾语） |

根据对所引用的语料库中的例句进行标注，可以说明这些模式是如何在真实句子中实例化的，同时根据一个词与句子中的各种短语结合的各种模式可形成不同的关于这个词的配价结构，在此基础上可得出最终的标注总结报告，简要显示每个词汇在组合上的可能性，进行相应的"配价描述"，如表 3-3 所示。

**表 3-3　词元"盗用"的词元信息**

| 词元：盗用　词性：动词（V） | |
| --- | --- |
| 配价模式 | 标注数量 |
| 时间+犯罪者+盗用+财物 | 1 |
| 犯罪者+盗用+财物 | 4 |
| 犯罪者+修饰+盗用 | 1 |
| 财物+犯罪者+盗用 | 1 |
| 犯罪者+盗用+财物+特殊重复 | 1 |
| 犯罪者+盗用+财物+角色范围 | 1 |
| 犯罪者+时间+盗用+财物 | 1 |

### 三、识别概念之间的关系

汉语框架网络本体中，概念之间的关系主要体现为框架之间的关系，其中，我们以使用关系、继承关系、总分关系为研究重点。框架之间的关系的识别主要依赖框架元素信息的判断：继承关系中，两个框架的框架元素存在着一一对应关系，如犯罪行为是一个抽象的概括行为，其中，"虐待、纵火、绑架、盗版、掠夺、强奸、走私、偷窃"等框架都属于其子框架，实为具体的犯罪行为；使用关系中，则存在着部分对应及使用关系；总分关系中，除框架元素有部分对应外，更多地体现为框架与框架之间的状态转变与时间连续性，如框架"审讯过程"作为复杂框架，在此过程中的每一步，都有独立的框架，即其分框架与之对应，包括"逮捕、审讯、判决、上诉"，因此要按照各关系的不同特点进行区分，以构建有层次的知识网络。

### 四、建立领域本体与其他本体的映射

基于自下而上的方法，在确定概念、概念的属性及概念间的关系的基础上，我们创建了领域本体，下一步需要建立领域本体与其他本体的映射。首先判断其在已有顶级本体中的位置，如果在顶级本体中有同样的命名，则考虑新旧本体之间的合并，否则，作为新本体扩充到顶级本体中，同时建立新旧本体之间的映射关系。这样反复按照前面的三个步骤，不断地将本体进行扩充，从法律领域扩展到其他领域，并有效地实现本体之间的融合与共享。目前，我们对汉语框架网络本体与 SUMO 之间的映射进行了有效的探讨。

### 五、编码化处理

编码化处理是本体论的重要构成内容。它主要包括两部分：①构建汉语框架网络知识库，建立词汇库、框架库、例句库；②对框架与框架元素、框架与框架之间的相互关系进行明确定义，严格定义其限制条件，并选择本体语言 DAML+OIL 或者 OWL，以框架为对象，描述其框架元素及框架间关系，并对例句库中的例句予以描述，形成两个本体文档，一是框架本体文档，一是例句本体文档，为今后语义 Web 的应用奠定基础。

### 六、基于本体应用的评估

知识本体构建的最终目的在于促进语义 Web 的发展，因此知识本体构建质量的评估取决于其应用效果。根据现已建设好的词汇库、框架库、例句库等知识本体，结合自动语义标注工具，建立网页上的词汇与汉语框架本体中元素的对应，

形成语义 Web，将这些本体知识运用到搜索引擎中，从语义层面提高其检准率，依此检索结果对语义检索应用效果进行评价，并对领域相关的本体建设进行评价，以适时做出调整来适应语义 Web 发展的需要。

汉语框架网络本体的构建工作量比较大，我们以 FrameNet 本体为借鉴对象，以法律领域构建为核心，在此基础上逐步扩充，并以真实文本语料为依据，以提高研究的可信度。在知识库及语义标注过程中，利用研制的词汇编辑器、框架元素编辑器、框架关系编辑器和计算机辅助语义标注器等工具，一定程度上可减少工作量，提高工作效率，以最终实现基本概念的结构化描述，以机器可读形式对语义知识编码，为信息科学领域本体论的深入研究提供了参考作用，同时为今后在自动语义标注、问答系统、信息抽取、信息检索中的应用奠定了基础。

# 第二节　基于法律领域的汉语框架网络本体构建

如何获取领域本体的信息，对其进行有效组织并形成概念体系是构建过程中最值得关注的问题。根据上述汉语框架网络本体的构建方法，我们确定以法律领域为处理对象，以法律专业人员为主，充分利用 FrameNet 本体已有的知识、经验及专家的法律知识，来推导法律领域本体的基本概念及概念之间的关系。

## 一、确定法律领域的核心概念集

### 1. 复用且修正 FrameNet 本体

FrameNet 工程中每一框架都对应本体所理解的概念，我们对其涉及的 86 个法律领域的框架进行整理，其中刑法及刑事诉讼法的框架占 60 个左右，考虑到刑法及刑事诉讼法作为国家的基本法律，是我国社会主义法律体系的重要组成部分，我们将其作为法律领域构建的重心。法律专业人员在 60 个框架基础上，依据中国法律的特点和法律文本语料库对其进行了修正。由于中西法律的差异性较大，所以需要法律专业人员对每一个法律框架作细致修改，重新定义框架，删除或者增加相应的框架元素、例句、词汇，框架"死刑"的中西文对照如表 3-4 所示。

表 3-4　框架"死刑"的中西文对照

| 框架名 | 核心框架元素 | 非核心框架元素 | 词元 | 例句 |
|---|---|---|---|---|
| 死刑（汉语法律网络） | 死刑犯、法院 | 形容、死刑、工具、修饰、方法、空间、原因、时间 | 枪决 n，处死 v，死刑 n斩刑 n，断头台 n，绞死 v，刽子手 n | 经苏州市中级人民法院依法判决：判处王善荣［死刑］，剥夺政治权利终身 |

续表

| 框架名 | 核心框架元素 | 非核心框架元素 | 词元 | 例句 |
|---|---|---|---|---|
| Execution（FrameNet） | Executed Executioner | Depictive、Execution Instrument、Manner、Means Place、Reason Time、Purpose Degree、Result | execute. v, guillotine. v, execution. n, executioner. nfiring squad. n, guillotining. n, hang. v, hangman. n, headsman. n, put todeath. v | He was to be ［HANGED］ in the morning. |

**2. 构建法律知识体系**

FrameNet 本体中的概念主要从语料库中抽取。就某一领域而言，概念明显表现出零散、系统全面性差的特点，如其所涉及的 86 个法律框架，涉及多个法律领域。为避免此类问题发生，确保我们所构建的本体能较为系统、准确地揭示该领域共有的知识，同时又具有处理网络应用文本的功能，我们需借鉴现有法律知识体系，以下载的网络法律文本为依据，创建 FrameNet 本体中没有的新概念。例如，刑法在一定程度上可理解为由犯罪客体要件、犯罪客观要件、犯罪主体要件、犯罪主观要件四部分构成。犯罪客体要件实为具体犯罪行为，我们将每一个犯罪行为对应为新框架。而其他要件我们统称为非客体要件，包含危害行为、时间、地点、方法、对象、结果、自然人、故意犯罪和过失犯罪等方面的内容，我们把它们作为框架元素处理。刑事诉讼法所涉及的主要内容则为诉讼程序，每一个诉讼环节都对应一个框架。由此我们分析出法律领域的主要概念大致为犯罪行为、诉讼程序、刑罚、强制措施几个方面，较为完整地体现犯罪者实施犯罪活动的过程及其之后公检法部门对该犯罪进行的一系列相关处理活动，旨在未来能够处理涉及犯罪场景类型的文本。

## 二、构建框架网络本体概念关系

目前，本体从语义层次上主要定义了四种基本关系：上下位类之间的关系（属种关系）、总类与分类之间的关系（整体与部分关系）、类与实例的关系（实例关系）、类与属性的关系（属性关系）。法律领域的汉语框架网络概念关系部分吸收了 FrameNet 中已有的框架与框架之间的关系、框架与框架元素之间的关系，同时依据我们现有的法律知识体系，对每一具体关系按照适合中国法律的特点进行修正，其中框架与框架之间的继承关系对应本体的属种关系，总分关系对应本体的整体与部分关系，框架与框架元素关系则体现为属性关系。

**1. 属种关系**

在法律领域的汉语框架网络本体中，属种关系主要体现在以下三个方面：犯罪根据罪行特点差异可划分为十大类，我们从 400 多种罪行中提取出 41 种常见的罪行，如抢劫罪、盗窃罪、诈骗罪、抢夺罪、侵占罪、虐待罪、挪用资金罪等，对其进行分类，每一个大类下包含若干个具体罪行，如图 3-1 所示；刑罚体系作为各种刑罚方法的总和，主要分为 8 大类，如图 3-2 所示；刑事诉讼过程中的强制措施可分为拘留、逮捕、取保候审、拘传等，如图 3-3 所示。

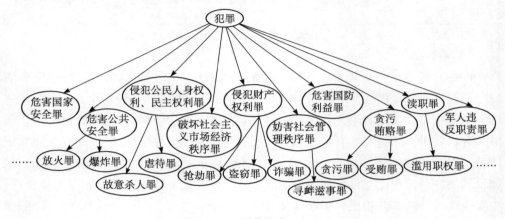

图 3-1　犯罪属种关系

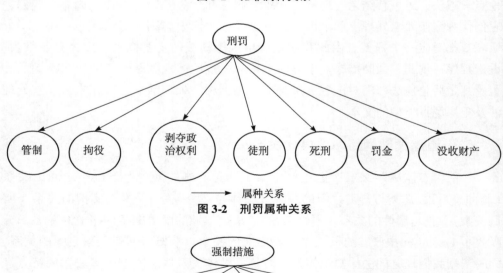

图 3-2　刑罚属种关系

图 3-3　强制措施属种关系

## 2. 总分关系

任何一个犯罪场景通常分为两大部分：犯罪、诉讼程序。其中诉讼程序明显体现为对犯罪行为进行一系列处理活动的流程：立案、侦察、起诉、审判、执行等，由于各环节具有明显的时间顺序之分，我们同时建立表示时间顺序的先于关系，如图3-4所示，这些明显体现为整体与部分、环节与流程的关系，所以可作为总分关系处理。

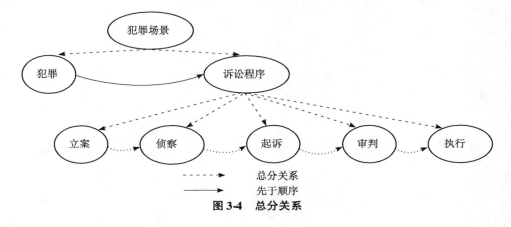

图 3-4　总分关系

## 三、法律领域的汉语框架网络本体模型

综合以上分析，我们将上述刑法与刑事诉讼法中的各个概念及概念之间的关系综合在一起，可得到如下本体概念结构，如图3-5所示。

## 四、Protégé 手工描述

我们借助工具软件 Protégé 来实现法律领域的汉语框架网络本体的构建。Protégé 是由斯坦福大学开发的一个本体构建工具，也是基于知识的编辑器，它用 Java 开发而成，是一个开源的项目，目前版本已经发展到 Protégé3.4。我们选择它作为构建工具，是因为它与其他工具相比具有许多优势，如具有图形化的用户界面；对 Unicode 字符集输入的支持；可免费下载安装软件和插件；支持 DAML+OIL，以及 W3C 推出的 OWL，可以用 RDF、RDFS、OWL 等本体表示语言在系统外对本体进行编辑和修改等（李景，2005）。

利用 Protégé 构建本体的过程大概包括建立文件、建立类及类之间的层次关系、建立属性及属性的值域和定义域、为每个类加入限制条件这四个基本步骤。

### 1. 建立文件

要构建本体，首先要建立一个文件。打开 Protégé 后，可以先定义文件名，也

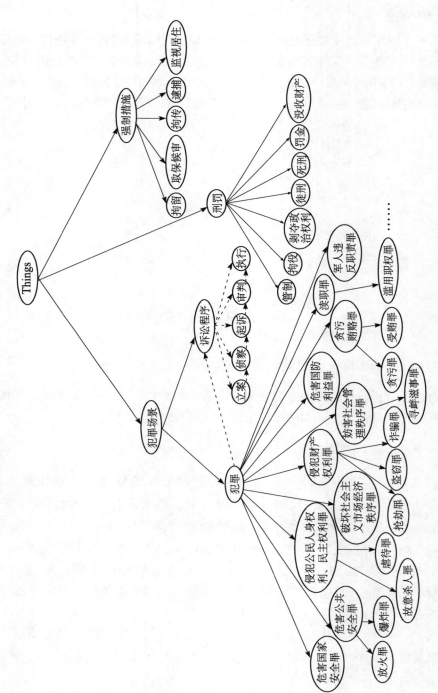

图3-5 法律领域的汉语框架网络本体概念结构

可以在建立一些概念后选择保存，出现相应的窗口后，选择文件存放的路径，输入文件名即可保存。在 Protégé 中，基本的工作面板有"元数据"、"类"、"属性"、"实例"、"表单"五项。在构建本体时元数据是通过定义本体基本信息，如命名空间、标签、注释等来完成的，这部分工作在建立文件过程中可完成。

　　2. 建立类与类之间的层次关系

　　建立类与类之间的层次关系非常简单，只需在类的名称上点击右键选择相应的操作即可。在这里我们选择"犯罪场景"框架作为例子进行尝试，"犯罪"在整个本体结构中作为"犯罪场景"的子类，而"犯罪场景"作为 Protégé 定义的最顶层类 Things 的子类，如图 3-6 所示。

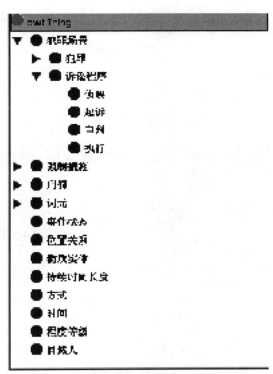

**图3-6　汉语框架网络中类与类之间的层次关系**

　　3. 建立属性及属性的定义域和值域

　　在 Protégé 中，可以创建多种类型的属性，包括 datatype、object、subproperty 和 annotation object 等。定义属性之后，根据具体情况，定义属性的 domain、range、inverseOf、symmetricProperty 等。

### 4. 为每个类加入限制条件

这部分工作主要是为各个类加入属性和限制条件。例如，基数限制（maxCadinality、minCardinality）、取值部分来源于（someValuesFrom）或全部来源于（allValuesFrom）。

我们选取"盗窃"框架中"盗用"词元的标注例句为例，说明其操作过程，这两个例句一个是正常语法的例句，另一个是存在缺失成分的例句，它们分别如下：

001.〈perp-np-ext 他们 r〉照明 n 、w 做饭 v 甚至 d 煮 v 猪食 n 、w 取暖 v 均 d〈tgt 盗用 v〉〈goods-np-obj 我厂 n 的 u 电 n〉.w

002. 为 p 避免 v〈tgt 盗用 v〉〈goods-np-obj 警 jn 械 ws 警 jn 具〉v 事件 n 的 u 发生 v ,w 我 r 局 n 还 d 集中 v 警力 n ,w 清理 v 、w 整顿 v 警用 f 标志 n .w

（1）添加例句实例。在 CLASS BROWSER 模块中选中类"Sentence"。然后在 INSTANCE BROWSER 模块中单击 Create Instance 按钮，创建例句类的实例，将其命名为 Sentence_ 1、Sentence_ 2，如图 3-7 所示。

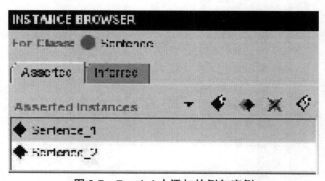

**图 3-7　Protégé 中添加的例句实例**

（2）添加短语。在 CLASS BROWSER 模块中选中类"Span"创建五个实例，命名格式为"Sentence_ n_ Span_ m"，在 Span_ m 前加例句前缀是为了使人能更容易地看出该语段属于被标注的那个例句，避免同样的语段出现在不同例句中无法区分的情况。在实例创建过程中，例句包含五个短语，分别为他们、盗用、我厂的电、盗用。对语段"他们"被命名为"Sentence_ 1_ Span_ 1"，表明这个语段属于 001 号例句并且其编号为 1；语段"我厂的电"被命名为"Sentence_ 1_ Span_ 2"；语段"警械警具"对应"Sentence_ 2_ Span_ 1"等，如图 3-8 所示。语段添加之后，我们还需要将 002 例句中缺失的充当"犯罪者"框架元素的语段进行添加，该缺失添加在类 CNI 下，表明该成分是一个结构性缺失。我们将其命名为"Sentence_ 2_ CNI_ 1"，如图3-9 所示。

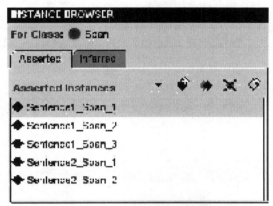

**图 3-8　Protégé 中添加的短语实例**

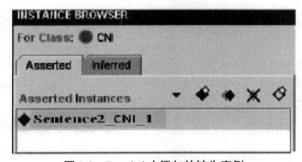

**图 3-9　Protégé 中添加的缺失实例**

（3）添加各个例句的属性。需要添加的例句属性主要是 subsumesSpan，表示例句与短语之间存在着包含关系。如在第一个例句中，例句所包含的短语有他们（Sentence_ 1_ Span_ 1）、盗用（Sentence_ 1_ Span_ 3）、我厂的电（Sentence_ 1_ Span_ 2），将这 3 个短语作为 subsumesSpan 的值；第二个例句中，包含的短语除了盗用（Sentence_ 2_ Span_ 2）、警械警具（Sentence_ 2_ Span_ 1）之外，还包括缺失的成分（Sentence_ 2_ CNI_ 1），该缺失成分没有具体的短语内容，只是一个编号，但其在句中有很重要的句法信息，如图3-10所示。

（4）添加各个短语的属性。在为短语添加属性时，需要先区分一下不同类型的短语。我们将短语分为三种类型：目标词、在例句中充当框架元素的短语或缺

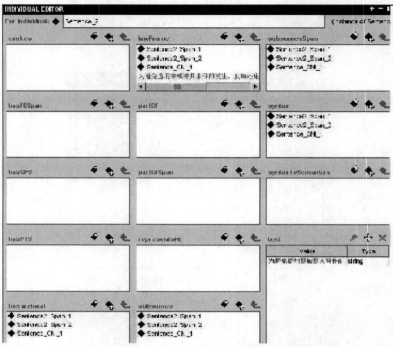

**图 3-10 Protégé 中添加的例句的属性**

失和支撑词。对目标词，我们需要添加的属性主要是 evokes 和 hasFESpan。evokes 指定目标词所激活的框架，如目标词短语"盗用（Sentence_ 1_ Span_ 3）"，点击属性 evokes 上的 Create new resource 按钮，从中选择"盗窃"框架，并将该框架实例命名为"盗窃_ 1"；hasFESpan 表示目标词与其他短语间的联系，添加 hasFESpan 属性值时，点击该属性，从中选择与该例句中除该目标短语之外的其他短语进行联系，如图 3-11 所示。对充当框架元素的短语，需要添加的属性有 representsFE、hasPTS 和 hasGFS，表示该短语所对应的框架元素、短语类型、句法类型。例如，警械警具（Sentence_ 2_ Span_ 1），它在例句中充当物品框架元素，短语类型是名词短语，句法功能是宾语，所以三个属性的值分别为盗窃_ FE_ 物品_ 1、pp_ 3 和 adva_ 3。而缺失成分（Sentence_ 2_ CNI_ 1）在句中充当犯罪者框架元素，短语类型是名词短语，句法功能是主语。支撑词由于其没有明显的语义信息，所以我们不作处理，如图 3-12 所示。

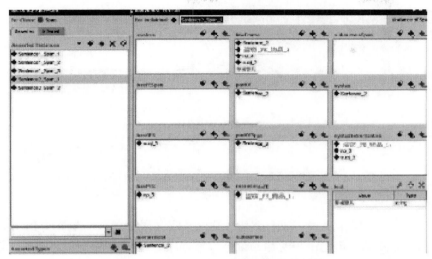

**图 3-11　Protégé 中添加的目标词的属性**

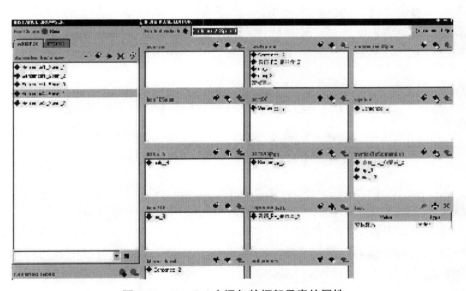

**图 3-12　Protégé 中添加的框架元素的属性**

（5）完善框架实例信息。由于例句都以盗窃词元为目标词，所以盗窃词元激活了两次"盗窃"框架，形成两个框架实例："盗窃＿1"和"盗窃＿2"。在这两个实例中，需要完善的有两项属性：hasFE 和 hasLU。盗窃＿1 基于第一个例句，所以包括框架元素实例盗窃＿FE＿犯罪者＿1 和盗窃＿FE＿物品＿1。包含的词元实例为"盗窃＿LU＿盗用＿1"，如图 3-13 所示。

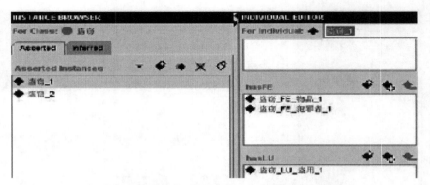

图 3-13　Protégé 中对框架实例 "盗窃_ 1" 的完善

　　按照 Protégé 操作步骤，加入类和属性以及定义限制条件，最终得到了关于框架网的 OWL 文档。但是由于法律领域框架数据库里涉及的法律框架较多，关系复杂，如果用手工方法一个一个进行构建无疑是一项非常庞大的工程，并且可能由于人工疏忽出现许多不可预料的错误，所以我们在现有 SQL 数据存储的基础上，考虑让机器自动生成描述，尽量减少人工干预，以减少工作量和降低错误率，提高构建效率。

# 第三节　汉语框架网络本体管理系统

## 一、汉语框架本体库的存储

　　手工构建的各个框架都以文本格式存放，每个文档以其描述的框架命名。很显然，这种以独立文本存放汉语框架的方式对日后的应用及检索非常不利，因此我们考虑用关系数据库形式来存放框架。这里我们选用了兼容性好、稳定性高的 SQL Server 2000 作为数据库服务器，将整个本体库分为两个数据库进行存储，并分别命名为词汇库（Lexical_ database）和语料库（Corpus）。框架、框架元素、词汇等相关信息被放在词汇库中，而语料库则存放例句及语料标注的相关信息。

### （一）词汇库的构成

　　词汇库的数据主要包括语义框架、框架元素、词元及框架间的关系。此外，还有对框架、框架元素及词元进行语义分类的本体语义类型。

1. 语义框架表

　　框架（Frame）是框架数据库的基本单元，它由若干框架元素配置而成。框架包含的信息如下：框架名称及其描述、一组框架元素列表（每一个都有一个描述和若干例子）、框架之间的关联信息、词元。

语义框架表存放汉语框架网络本体中所有的语义框架，这个表中并不涉及框架元素、词元及框架关系等构成信息，它仅包含了一个框架的相关描述信息，如框架的中英文名称，框架的定义，框架的创建日期、修改日期、创建者等。这些信息作为表内的字段存储，每一个元组代表一个框架，每个框架通过其 ID 号与其他框架进行区分。

2. 框架元素表

框架元素（FrameElement）是汉语框架的基本配置成分，它与其所在的框架共同构成框架数据库的基本单元。在语义框架中，框架元素表示与特定的词相关的语义角色或者语义功能。对于特定的框架来说，框架元素有核心与非核心之分。核心元素是一个框架在概念上的必有成分，核心元素在不同的框架中有所不同，显示出该语义框架的个性。核心框架元素描述了框架概念下诸如施事、受事，或者主体、客体等语义成分；相反，非核心元素则是一个框架在概念上的可选成分，它描述了框架概念下诸如时间、背景、方式等语义成分。例如，"盗窃"框架下的核心元素有物品（Goods）、受害者（Victim）、盗窃者（Perpetrator）、来源（Source）；非核心元素有频率（Drequency）、工具（Instrument）、地点（Place）、目的（Purpose）、修饰（Manner）、方法（Means）、时间（Time）等。

框架元素表我们用 FrameElement 命名，这个表包含了所有框架下的框架元素，由于框架与框架元素是一对多的关系，即一个框架下有多个框架元素，但是一个框架元素只能与一个框架对应，所以每个框架下的框架元素都是不同的。虽然有些框架可能拥有相同名字的框架元素，但这并不能说明不同框架下的同名框架元素是同一框架元素。因此，我们在实际制作框架元素的过程中，应尽量给每个框架元素赋予更有意义的名字（Colin ef al.，2003）。对于不同框架拥有同一名称的框架元素的情况，我们设置一个外键——Frame ＿ Ref，该外键对应的是 Frame 表中的字段 Frm＿ ID，以此来解决这一问题。表中定义的框架元素的其他信息包括框架元素的中英文名称、框架元素的英文缩写、框架元素的语义类型等信息。其中语义类型 SemanticType＿ Ref 字段的值为对应的语义类型表中的 ID 号。

3. 词元表

词元（LexicalUnit），即某个汉语框架下的词条，也就是一个词的某个释义。在 FrameNet 理论中，词元的形式与传统词典中的词汇没有什么区别，但它却有特定的概念。确切地说，一个词元只与一个框架的一个词条相关联，而一个词条可以与多个框架相关联。以"看"这个词元为例，它既出现在"获知"框架下，又出现在"自主感知"框架下，因此"看"形成多个词元。并且，同一个词条有可能在同一个框架中以不同的释义出现，如"警觉"在"注意"框架下出现两次，一次作动词，一次作形容词。因此我们在作框架的词元时，应标明每个词元的词性，以将上述情况进行区分。

词元表 LexUnit 中存储所有框架的词元，每个词元在表中都有唯一的 ID 编号，并将其所属的语义框架、词性也用对应的数字表示。我们定义了一个词性表 partOfSpeech 存储汉语中所有的词性类别。由于词性是辨别一个词元的主要因素，在表 LexUnit 中，我们将词元的词性"partOfSpeech_ Ref"设置为外键。

4. 框架关系表

汉语框架知识库吸收了 FrameNet 的精髓，将其框架与框架之间的联系也应用到汉语框架中。在 FrameNet 中，主要的框架关系（FrameRelation）类型有八种：继承关系、视角关系、总分关系、先于关系、起始关系、原因关系、使用关系、参见关系，在这里我们利用 FrameNet 这一成果，将这几种框架关系存放在汉语框架网络库中。

设计数据库时，我们将框架关系存放在表 FrameRelationType 和表 FrameRelation 中。表 FrameRelationType 中存放的是框架间的八种关系类型，分别对其编号和定义进行描述。表 FrameRelation 存放了所有的具有上述关系的框架对，在该表中所有的数据值都用数字来表示，它分别调用了表 FrameRelationType 中的 FRT_ ID 字段和表 Frame 中的 Frm_ ID 字段。

5. 语义本体类型及继承表

语义本体类型（SemanticType）是与本体、WordNet 的体系结构有关的一种语义类型，主要用于对框架元素进行分类。这 49 个语义类型都用子类关系相互联系构成一个层级体系。子类关系在逻辑上相当于继承关系（STinherit）或者是"is-a"关系。汉语框架本体的语义类型将借用 FrameNet 数据库的语义类型。与框架关系表类似，语义类型通过表 SemanticType 和表 STinherit 来表示，表 SemanticType 存放的是 49 种语义类型，而表 STinherit 中存放了语义类型之间的等级层次关系。

根据汉语框架网络本体各构成部分之间的逻辑关系，我们构建了数据库相应表之间的关联，各数据表之间的逻辑关系如图 3-14 所示。

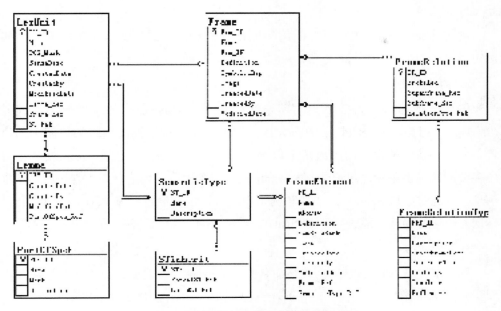

**图 3-14　汉语框架数据库中表的依赖关系**

## （二）语料库的构成

与语料库相关的表主要包括标例句表、注集表、标注层类型表、标注层表、标签表、标签类型表，以及语义配价模式表、语义句法特征表和句法特征表。各数据表之间的逻辑关系如图 3-15 所示。

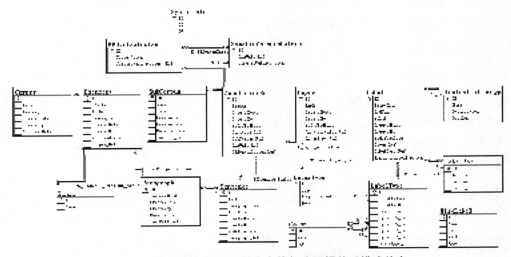

**图 3-15　本体库与语义语料库中的部分逻辑关系模式信息**

1. 例句表

例句（Sentence）表对所有的例句进行了编号，并在字段 Text 下填充具体的例句。

2. 标注集表

标注集（AnnotationSet）表与所标注的句子（Sentence）和本体库中的词元（LexUnit）相关联，表明句子中作为目标词的词元在汉语框架网络知识库中的位置。如果一条句子含有两个或两个以上的目标词元，则该句在 AnnotationSet 中对应多个词元的多条标注集记录。AnnotationSet 包含编号、创建日期、创建者等基本信息，并通过字段 Sentence_ Ref 和例句表进行连接，通过字段 LexUnit_ Ref 和目标词元表进行连接，通过字段 FESyntaxInstan_ Ref 与语义句法特征表进行连接。

3. 标注层类型表

标注层类型（LayerType）表被命名为 LayerType。在表中存放了四种标注层类型，分别是框架元素（FE）、短语类型（PT）、语法功能（GF）和目标词（TGT）。因此，我们主要定义了两个字段：ID 和 Name。ID 分别为 1、2、3、4，对应的 Name 字段分别为 FE、PT、GF、Target。

4. 标注层表

在汉语框架网络本体的例句表示中，一个标注集包含四个标注层（Layer），类型分别是框架元素、短语类型、语法功能和目标词。在标注层表中，我们主要定义了三个字段：ID、AnnotationSet_ Ref、LayerType_ Ref，分别表示编号、该层对应的标注集的编号和该层对应的层类型。

5. 标签表

每个标注层都由一系列标签（Label）组成，记录标注于句子中语块上的标签信息，包括标签序号（ID）、起始位置（StratChar）、终止位置（EndChar）、与标注层表的连接（Layer_ Ref）和与标签类型的连接（LabelType_ Ref）等。通过在标签表中设置起始位置和终止位置，我们可以得到所有例句的语段（Span）。

6. 标签类型表

标签类型（LabelType）表定义了标签的类型，标签类型表相当于一个指针，分别指向 FrameElement 表、LexUnit 表和 MiscLabel 表，其中 MiscLabel 表存储了所有的短语类型和句法功能。标签类型表中的主要字段包括标签类型序号（ID）、数据表名称（DBTableName）、数据表 ID（DBTableID）及与标注层类型的连接（LayerType_ Ref）。通过字段 DBTableName 可以与 FrameElement 表、LexUnit 表和 MiscLabel 表连接；通过字段 DBTableID 可以和这三个表中的 ID 号相对应。

7. 语义配价模式表

语义配价模式（SematicValancePatern）表的主要字段包括配价模式序号（ID）、与词元的连接（LexUnit_ Ref）、语义配价模式描述（SematicValance-Patern）。

8. 句法特征表

句法特征（SyntaxInfo）表的主要字段包括句法特征序号（ID）、短语类型（PT）、句法功能（GF）。它存储着每一个短语类型所对应的所有句法功能。

9. 语义句法特征表（FESyntaxInstan）

语义句法特征表中字段包括语义句法特征序号（ID）、与语义配价模式表的连接（SematicValancePatern_ Ref），以及句法实现方式（SyntaxPatern）。通过字段 SyntaxPatern 可以与标注集表连接。

## 二、汉语框架网络本体管理系统

本体的构建不但是一个较大的工程，而且是一个长期的过程。在本体的应用过程中，需要对本体进行查询、修改、删除等基本操作，根据具体的应用对本体作适当的调整。基于此目的，我们构建的汉语框架网络本体管理系统具有以下功能，如图 3-16 所示。

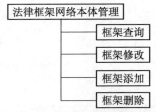

**图 3-16　汉语框架网络本体管理系统功能**

1. 框架信息的编辑

该功能包括新建框架和框架关系，编辑框架的词元、框架元素及语义类型，如图 3-17 所示。

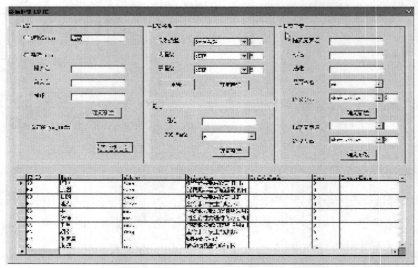

图 3-17　框架信息编辑界面

2. 对框架信息的删除、修改、查询

　　该功能包括对框架、框架元素、词元及关系的删除、修改、查询。当一个框架被删除时，与之相关联的数据将被全部删除，如图 3-18 所示。

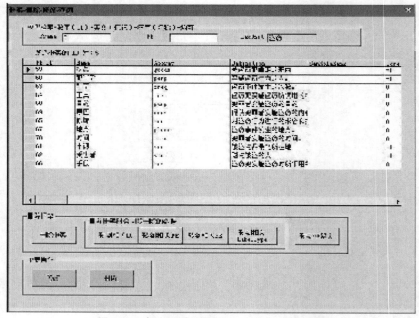

图 3-18　框架信息的删除、修改、查询界面

# 第四节 法律框架语料库管理系统的设计与实现

语料库系统是指在计算机系统中引入语料库后的系统，一般由语料库、计算机软件、硬件、语料采集和加工规则、语料管理应用程序以及语料库用户组成（杨海燕，2007）。随着语料库的不断发展和完善，现在的语料库系统不仅仅被应用于语言学研究，也可以作为一个巨大的知识库，来研究人们的实践活动。汉语框架网络本体语料库系统旨在解决以下两个问题：一是语料来源于法制网的案件报道，避免了其他法律语料库只收录相关法律规定和条文，不能真实地反映法律活动的缺陷；二是对生语料进行了标注，使之变成熟语料，为自然语言处理工作提供基础，其中生语料标注依据所构建的汉语语义框架库来完成。因此，汉语框架网络本体语料库系统可以针对大量搜集的法律资源进行字、词、句以及篇章等层次的理解和分析，并以此来总结语法、语义和语用的特征。

## 一、法律框架语料库管理系统的构建原则

语料库系统不仅仅是单纯的软件，而且还有着鲜明的语言学特色，因此法律框架语料库管理系统的构建是在综合考虑语言学及系统构建的原则和方法的指导下进行的。

### 1. 法律框架语料库管理系统的设计原则

（1）围绕语料生命周期来开发。所谓语料生命周期是指语料从采集、加工、存储、检索、统计分析、输出、使用到反馈所经历的整个时间过程（胡凤国，2007）。围绕语料生命周期来开发语料库，能够确保语料在生命周期的每一个阶段都能够实现计算机辅助，从而减少人力、物力。

（2）开放性原则。语料库系统本身是一个开放的系统，而不是封闭的系统。采用 SQL Server 作为后台数据库，Visual Basic 作为编程工具，方便任何用户使用。另外预留一个扩展接口，供用户随时根据自己的需求扩展程序，增减部分功能。

（3）动态性原则。法律活动的丰富多彩和千变万化决定了语料库系统是动态的，语料库系统中的语料可以随时添加或删除，也可以及时地进行更新和下载。

### 2. 语料的选取原则

（1）针对性。语料库取料的基本原则是均衡性，即要求对不同类的语料要均

衡收集才能全面代表尚未抽取的部分。法律领域应包括法律（狭义）、行政法规、部委规章、司法解释等（宋北平，2008）。由于研究的目的不同，本系统在构建初期要求的取料原则并不是均衡性，而是针对性，即选取的是一些法律事实，如对案件的报道等。为此我们从法制网上下载了大量的法律事实为训练语料，从而有利于对其进行语用、语法以及语义层面上的分析。随着系统的完善和扩大，语料的选取范围也会从针对性过渡到均衡性。

（2）真实性。法律语料库收集的文本必须是自然真实的文本。只有这样的语言才能最真实、最自然地体现不同语言的特征。

（3）多样性。由于本系统的目的之一是对语言进行分析，所以要收录和分析不同的句式，以便总结其语用特征、语法特征和语义特征，为系统的统计分析功能奠定基础。所以语料选取的多样性至关重要。

## 二、法律框架语料库系统设计

### （一）系统的基本框架

如图 3-19 所示，整个语料库管理系统主要包括四个功能模块：用户管理模块、语料管理模块、语料统计与检索模块，以及帮助信息模块。

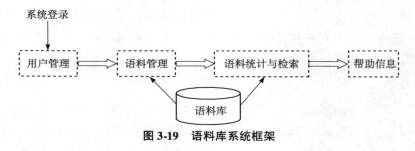

**图 3-19    语料库系统框架**

1. 用户管理模块

系统设置了三种用户权限，分别为管理员、高级用户和普通用户。管理员负责系统设置及维护，高级用户负责语料的标注、存储、修改及删除，普通用户只能检索语料和进行语料统计。

2. 语料管理模块

实现语料的自动下载及人机互助的半自动语料标注，一定程度上节省了人力和时间，并对生语料和标注好的熟语料进行自动存储生成语料数据库，在此基础上实现对熟语料语义特征的提取，将任意一词元的语义特征与语料实例进行对应，方便用户研究。

3. 语料的统计和检索模块

在系统构建的初级阶段，可以对语料进行词频统计和检索，在此基础上实现词语共现分析。系统建设的最终目的是要进行知识发现研究，主要包括知识查询、知识获取和知识推理。

4. 帮助信息模块

帮助信息模块提供对本系统的相关说明信息。

## （二）系统的功能结构

根据上面的分析，法律语料库系统的功能结构如图 3-20 所示。

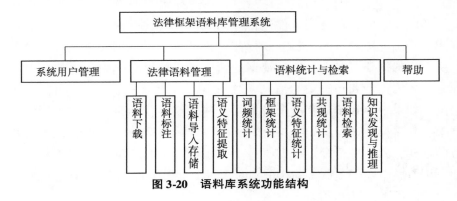

**图 3-20 语料库系统功能结构**

1. 用户管理模块

为了便于对系统的管理和维护，设置不同级别的用户组，分别赋予不同的权限。通过添加用户到一个或多个用户组来实现权限配置。用户权限遵循"最小权限"原则，没有明确允许就是拒绝，并且拒绝权限优先。

2. 法律语料管理模块

（1）语料下载。该模块可以实现对网络语料的自动下载。我们选取法制网中的"案例直击"下的"刑事案件"（http：//search. legaldaily. com. cn/search_adv. php）作为数据源站点，根据用户的请求（通常为关键字），实现页面的自动寻找，并下载到文本文档中。我们规定一篇下载的语料要包括文本编号、标题、作者及文本内容。整个过程如图 3-21 所示。

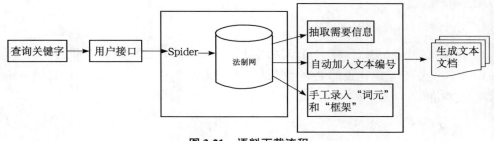

**图 3-21　语料下载流程**

（2）语料标注。对具有良好格式的生语料，该模块主要调用自动分词软件、语义标注工具来完成语料标注。通常我们以语料中的句子为单位，进行框架元素、短语类型、句法功能三层标注。在选择语料的基础上，利用山西大学计算机学院设计的自动分词软件进行分词及词性标注并存入对应文档，运用语义标注工具实现对语料的人机互助标注：人工选定目标词元，软件会自动找到词元所对应的框架。在人工选择视窗的情况下，标出句子中各语块所对应的框架元素、短语类型和句法功能信息。对一篇语料的每一个句子，可能会出现三种情况：如果一个句子只有一个目标词，并且能够找到目标词作为词元所对应的框架，直接标注该句；如果一个句子有一个或者多个目标词，但不能找到其对应的框架，则不进行标注；如果一个句子有多个目标词，且都能找到对应的框架，则将整个句子复制多句，分别对应每个框架进行标注。标注形式为：〈框架元素-短语类型-句法功能〉。

（3）标注语料的导入和存储。为了更好地管理熟语料，我们将其存入对应数据库中。为了能够处理直接人工标注的语料文本，我们将其导入语料库中。存储前我们需要对标注好的语料格式进行规范性检查，如标记符号与词之间，词与词性标记之间用空格分隔；三层标记中间用"-"符号区分等。其目的在于使计算机能够更准确地识别哪些是标记信息，哪些是句子当中的短语模块。成功导入的语料是以句子（以句号、感叹号、问号、省略号作为句子的终止符）为单位存储到语料库中，并且自动赋予句子编号。

（4）语义特征提取。语义特征包含框架语义配价模式和句法实现方式。语义配价模式是指词元与所属框架的框架元素相结合的序列，反映了该词元的语义结合能力。句法实现方式用来描述标注句子中被实例化的框架元素对应语块的短语类型和句法功能。提取后的语义配价模式和句法实现方式分别存储到数据库中，可实现对词元语义特征的查询及统计，方便用户对词元的各种句法、语义模式进行研究。

3．语料的统计和检索功能

（1）词频统计。词频统计以生语料库各文本的词汇为处理对象，执行词频统计。它包括两部分：一是计算语料篇所有文本或者每篇文本所指定的关键词出现的次数，并提供词性候选项，如统计"盗窃"这个词的词频，同时也可以分别选择"盗窃"作为"名词"或者"动词"时的词频，在此基础上计算文本中所有词语的相对频率，即关键词在选定文本中出现的频率占语料库中所有词出现的总次数的比例，以有效地实现按频率排序；二是计算指定的关键词所出现的文本数、与总文本数的比例，以更好地进行逆文本频率的统计。

（2）框架统计。框架统计以熟语料库所标注的文本为处理对象，统计文本所覆盖的框架数量、与框架相关的框架元素数量、词元数量。其包括以下部分：一是统计同一框架出现的文本数，同一框架所指向的目标词元数；二是统计框架元素出现频率及其文本数，以总结文本的框架、框架元素的使用规律以及框架下词元的出现情况。

（3）语义特征统计。语义特征统计熟语料库中目标词元的语义配价模式以及句法实现方式，在此基础上总结每一个框架元素所属的短语类型及承担的句法功能，同一个语义框架下语义配价及句法实现类型，同一个语义配价模式下的不同句法实现类型。

（4）共现统计。共现统计基于一篇文本内部或者整个语料库，其包括两部分内容：一是词语共现统计；二是框架元素共现统计。词语共现统计与指定词经常同现的那些词出现的概率，有助于定义一个词的义项以及它们的使用环境。统计一个框架下多个框架元素共同出现的概率，以更好地识别多个框架元素间的必要关系信息。通常使用互信息来计算词对或者框架元素之间的黏合度。

（5）语料检索。语料库建成之后，将提供给各种不同的研究者使用，所以我们提供两种不同的语料检索方式：简单检索和高级检索。简单检索采用逐词索引方式提供指定的关键词在用户选定的文本中每次出现的相关信息。逐词索引程序不仅仅记录了每个词形在语料库中每次出现时的位置，还记录了一个词的不同词性的出现位置。此外用户可以选择题内关键词索引，关键词的词性和左右的上下文长度可以根据需要任意设定。图 3-22 显示了"盗窃"作为名词的前后各七个词的题内关键词索引。高级检索是在简单索引的基础上提供多种层面的索引，比如按作者、时间、词元、框架、框架元素进行检索。

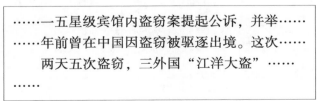

……一五星级宾馆内盗窃案提起公诉，并举……
……年前曾在中国因盗窃被驱逐出境。这次……
　　　两天五次盗窃，三外国"江洋大盗"……
……

**图 3-22　名词"盗窃"题内关键词索引**

（6）知识发现与推理。知识发现与推理旨在帮助语料库使用者发现案件之间、案件与法律法规之间的关联度，并为相似性高的新案件提供一定的审判依据。其功能包括三部分：①知识查询，通过用户输入的案件描述信息，查询关联性强的案件，及其相关法律法规条款；②知识获取，系统从大量的案件中自动获取知识，能够根据框架元素以及框架来提取案例的主要信息，并利用框架元素之间以及框架之间的关系进行总结，进一步分析出同类案例的不同特点；③知识推理，用户可以输入相关案情的描述信息，系统可以调出相关法律法规，并根据犯罪情节给出适当的惩处措施和建议。

（三）语料库管理系统的实现

1. 语料标注

语料标注包括对例句语料和信息资源语料的标注，如图 3-23 所示。

2. 标注语料的导入

此部分实现对标注好的例句语料及标注文本语料的格式规范性检查、标注数据及对应原语料的数据库导入。图 3-24 和图 3-25 分别是标注例句和标注语料的数据处理界面。

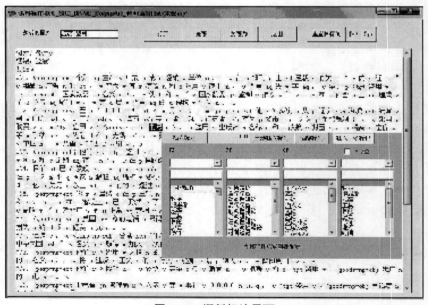

**图 3-23　语料标注界面**

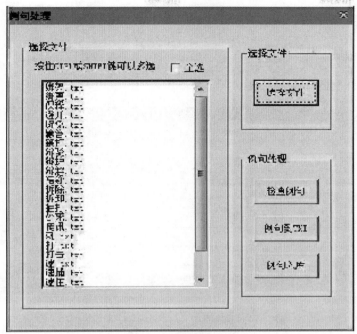

图 3-24 标注例句导入处理

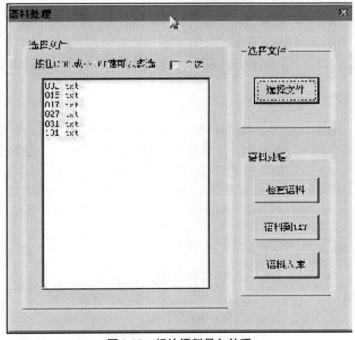

图 3-25 标注语料导入处理

3. 配价信息查询

以词元为中心从标注例句中抽取词元的语义配价信息及框架元素的句法配价信息，可实现其存储、查询、匹配。如图 3-26 所示，选中词元的一条句法信息，可显示与之匹配的语义信息。

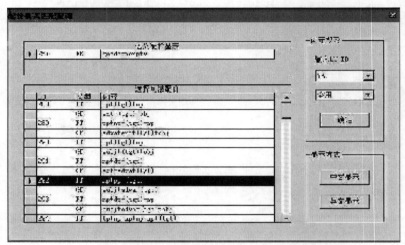

图 3-26　配价模式匹配查询

# 第五节　汉语框架网络数据库到 OWL 本体的自动转换

由于手工构建 OWL 文档的低效性，我们运用 Jena 的本体子系统功能，在构建汉语框架本体模板的基础上，建立数据库与模板的对应关系，将数据库里的数据填充到模板中，以实现汉语框架本体的自动生成。该方法的最大意义在于使构建过程更加方便快捷，减少了手工输入错误造成的本体不一致性，提高了本体构建的效率。

## 一、利用 Jena 构建本体的步骤

Jena 是惠普公司开发的 Java 语言开发包，它是一个 Java 工具箱，用于开发基于语义 Web 的应用程序。Jena 经历了 Jena1 和 Jena2 两个阶段，Jena1 发布于 2000 年，已经被下载了 10 000 次，包含了一些 daml+oil api，用来处理 daml+oil 本体，但不支持 OWL，并且不支持推理。而 Jena2 于 2003 年 8 月发布，它修改了前一个

版本的内部架构，提供了一个 RDF API、一个 RDF 解析器、SPARQL 查询引擎、一个 OWL API 和基于规则的 RDFS 与 OWL 接口。

Jena 的主要功能如下：①rdf api，主要是 com. hp. Hpl . jena . rdf. model 包，rdf 模型被看做一组 rdfstatements；②rdql 查询语言，主要是 com. hp. hpl. jena. rdql 包，这是对 rdf 的数据的查询语言，查询结果存储在一定的数据结构中可供调用；③推理子系统，主要是 com. hp. hpl. jena. reasoner 包，包括对 rdfs owl 等规则的推理；④内存存储和永久性存储，主要是 com. ph. hpl. jena. db 包，Jena 提供了基于内存暂时存储的 rdf 模型方法；⑤本体子系统，主要是 com. hp. hpl. jena. ontology 包，Jena 提供对 owl 和 rdfs 等的操作。

这里我们主要使用的是 Jena 的本体子系统的功能，即 com. hp. hpl. jena. ontology 包。基于 Jena 的本体构建包括以下几个步骤。

### 1. 描述类

无论是用 Jena 自动构建还是利用 Protégé 手工构建本体，第一步工作是确定本体要描述的类。首先，要将领域中的资源进行归类总结形成概念，定义领域中的概念；然后，根据领域之间的相关性，将各个概念划分为不同的集合，也就是对概念进行分类处理，并为每个集合分配一个名称空间，为名称空间中的资源分配一个名字，建立概念之间的层次关系。

### 2. 描述属性

与上述描述类的步骤类似，属性的描述可分为以下几步：①确定描述这些资源所需的属性；②为每一个属性分配一个 URI；③描述该属性的特征（如对称、可逆）；④属性可以拥有约束，包括属性值的类型约束、个数约束；⑤建立属性间的层次关系图。

### 3. 将属性和类关联到一起

在这一步骤中，主要工作是确定类具有的属性及属性值，如有需要还可以提供最大最小基数限制。

### 4. 加入此本体相关的元数据

加入本体构建者、构建日期等信息，如需要导入相关本体，可以用 owl: import 来实现。

## 二、汉语框架网络本体模板构建

由于我们的汉语框架网络本体要通过数据库语言调用数据库里的数据并将数据自动填充到汉语框架本体模板来实现，所以，在这里我们只需要用 Jena 构建出类和属性集，要完成这部分工作首先应建立汉语框架网络数据库与汉语框架网络本体之间的对应关系，即数据库中的哪些部分对应本体中的类、哪些作为属性、哪些作为公理等。然后用 SQL 语句将数据直接填充到法律本体模板中，从而达到实现自动构建本体的目的。

汉语框架网络本体模板是对汉语框架网络本体的高度抽象，它是通过将汉语框架本体中的各个资源进行总结，根据领域之间的相关性将若干资源划分为不同的集合，最后再根据这些集合的语义特征抽象出最顶层的概念，汉语框架数据库中的数据都是这些模板类的子类。

**（一）模板类的确定**

在确定模板类之前我们首先要确定在需要构建的网络本体中有哪些概念集。基于法律领域的汉语框架网络本体的顶层类被命名为 LawFrame，包含两大部分：语义对象（SemanticObject）和句法对象（SyntaticObject）。语义对象中包含了所有具有语义特征的元素，包括框架以及与框架有关的框架元素、语义类型和词元等，这些在模板中都将作为类，以一定的层级结构组织；句法对象中包含了所有与例句标注相关的句法特征的元素，包括语段、缺失类、短语类型和句法功能。

**1. 框架类**

由于本体概念的集合是按某个分类标准进行划分的分类结构，所以我们认为框架作为框架理论的最主要概念应该映射为本体中的类。根据有无词元我们将框架进行二级分类，得到"背景框架"（BackGroundFrame）和"词元框架"（LexicalFrame）。"背景框架"指没有词元信息的框架，这类框架往往属于场景框架，如框架"犯罪场景"就属于该类框架，它不含有词元，并且它的三个分框架分别是"犯罪"、"犯罪调查"和"诉讼程序"。"词元框架"指那些包含词元信息的框架，如框架"盗窃"下的词元包括"偷盗"、"盗"、"偷窃"、"窃取"等，我们把它归为"词元框架"的子类。

**2. 框架元素类**

若干框架元素的结合可以描述一个框架，这类似于表与表内字段的关系，于是我们开始尝试将框架元素作为属性来对待，但随即出现了新的问题，因为 OWL 语言是基于 RDF 的，RDF 是一个三元组形式，即主体+谓词+客体的表达形式，如果将框架元素作为属性的话那么客体应该如何表达呢？况且，每个框架下包含若干个框架元素，如果每个框架元素都作为属性的话那么必然造成属性过多，这将加大日后推理及进一步的检索应用的工作量。我们的假设显然是错误的，因此我们把框架元素也作为类。根据 FrameNet 理论，我们将汉语框架网络本体的框架元素类也分为"核心框架元素"和"非核心框架元素"。由于框架元素的唯一性，我们对其名称格式作了规定，其形式为"框架_ FE_ 框架元素"。

3. 语义类型类

汉语框架的语义类型是借用 FrameNet 本体中的语义类型，用来表示汉语框架、框架元素、词元等方面的语义信息，与框架元素类似，我们将语义类型映射为本体中的类。

4. 词元类

我们将词元映射为类是因为词元本身涵盖了大量的信息，如词义、词性、配价模式、词元对应的例句标注实例信息等。一个词汇因其有多个义项，它可能同时属于多个框架，如词汇"有"，在作为"领有"的义项时，它属于"拥有"框架，但是作为"存在"的义项时，它又属于"存在"框架，为了区别这种情况，我们将词元命名为"框架元素_ LU_ 词元"。

以上四种类是从 FrameNet 中沿袭过来的，具有语义特征，我们把这四种类归为语义对象（SemanticObject）的子类。例句标注本体相关的类主要集中在句法对象（SyntaticObject）类及其子类上，例句标注本体的类主要有语段（Span）、缺失（NullInstantiation）、短语类型（PhraseT）、句法功能（GramF）四大类。

5. 语段类

例句标注过程中，我们将与句子中目标词和框架元素有对应成分的句子或短语统称为语段（Span），其含义为该框架元素在某个句子中所覆盖的范围。语段可大可小，并且存在一个大的语段包含若干小的语段的情况。在 Span 下面存在一个 Sentence 子类，我们称之为例句类，例句类是为了表达被标注的例句以及与相应的语段之间的关系而定的。我们之所以将其设为 Span 的子类，原因在于例句在概念上讲也是一个大的语段。

6. 缺失类

例句标注过程中，框架元素在句子中找不到对应成分的统称为缺失（NullInstantiation），它包含以下三种类型：DNI，即有定零形式，缺失的元素在所标注的整个句子内能够找到对应的词语；INI，即无定零形式，缺失的元素在本句内找不到对应的词语；CNI，即结构性缺失，指一些成分的正常性缺失，它包括祈使句缺失主语、被动句缺少施动者等情况。

7. 短语类型类和句法功能类

短语类型（PhraseT）和句法功能（GramF）作为例句标注本体的重要组成部分，我们将其都作为类来处理。短语类型分为名词性短语（np）、动词性短语（vp）和形容词性短语（ap）等，它们都作为 PhraseT 的子类来处理；句法功能分为主语（subj）、外部论元（ext）和宾语（obj）等，它们也作为 GramF 的子类来处理。这样在对例句中的语段进行短语类型和句法功能的标注时，我们便可以通过创建相应的两个属性将语段类和具体的短语类型子类和句法功能子类进行连接。

图 3-27 显示了整个汉语框架网络本体所有类的组织结构。

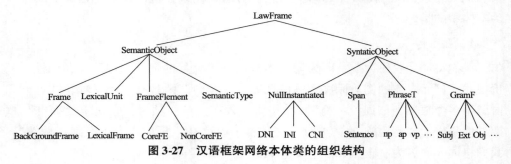

**图 3-27　汉语框架网络本体类的组织结构**

## （二）构建汉语框架网络本体的概念关系

本体概念关系指某一领域内概念（类）之间的交互关系，虽然在本体的定义中已经包含了四种关系，但在实际应用中，这是远远不够的，还需要根据领域的特点自己构建概念关系。在汉语框架网络本体中我们从四方面来构建本体概念关系，分别是语义属性（Semantic）、句法与语义之间的属性关系（SyntaxToSemantics）、句法之间的语义关系（Syntax）、语义或句法实体之间的层次关系（Hierarchical）。汉语框架网络本体中属性有一定的组织结构，如图 3-28 所示。

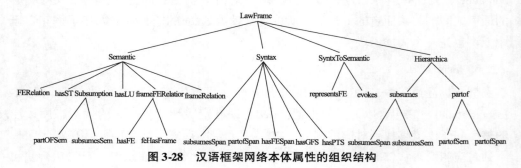

**图 3-28　汉语框架网络本体属性的组织结构**

### 1. 语义属性

语义属性只涉及汉语框架网络本体中语义概念之间的关系。目前本体从语义层次上，主要定义了四种基本关系：上下位类之间的关系（属种关系）、总类与分类之间的关系（整体与部分关系）、类与实例的关系（实例关系）、类与属性的关系（属性关系）。具体的属性包括六种。

（1）hasSemType，用来表示框架、框架元素或词元与语义类型之间的关系。该属性定义域为框架类、框架元素类和词元类的并集，值域为语义类型类。

（2）subsumption，该属性表示在语义层面的包含与被包含关系，它又包括一对含义相反的子属性 subsumesSem 和 partOfSem。subsumesSem 表示前一个属性包含了第二个属性，partOfSem 表示前一个属性是后一个属性的一部分。

（3）frameRelation，该属性用来表示框架之间的关系，定义域和值域都为框架类，其子属性包括以下八种：参见关系（seeAlsoFrame）、起始关系（inchoativeOfFrame）、先于关系（precedesFrame）、继承关系（inheritsFrame）、总分关系（hasSubFrame）、视角关系（perspectiveOfFrame）、使用关系（usingFrame）、原因关系（causativeOfFrame）。

（4）frameFERelation，该属性用来表示框架与框架元素之间的关系，框架类通过 hasFE 与框架元素建立关联，反过来，框架元素通过属性 feHasFrame 与框架类建立关联，并且这两个属性互为相反属性。

（5）hasLU，该属性用来表示框架与其拥有的词元之间的关系。

（6）feRelation，该属性表示框架元素之间的关系，由于框架元素间关系尚在研究之中，本书并不涉及这部分内容，所以仅仅将该属性陈列于此，暂时不填充数据。

2. 句法与语义之间的属性关系

句法是对具体自然语言进行标注过程中所涉及的所有语段或缺失，这些句法层面的语段等信息与一定的语义信息相对应。在汉语框架本体中，具体包括 representsFE 和 evokes 两个属性。属性 representsFE 表示一个语段表达了与该语段对应的框架元素，表明语段与特定的框架元素对应的关系，其定义域为 SyntaticObject，值域为 FrameElement；属性 evokes 表示该语段激活了一个特定的框架，其定义域为 SyntaticObject，值域为 Frame。

3. 句法之间的语义关系

属性 syntax 是语段类与句法对象类之间的关系。它包括五个子类：subsumesSpan、partOfSpan、hasFESpan、hasPTS 和 hasGFS。属性 subsumesSpan 表示第一个语段在句法层面上包含第二个语段，其定义域为 Span，值域为 SyntaticObject；属性 partOfSpan 表示第一个语段在句法层面上是第二个语段的一部分，其定义域为 SyntaticObject，值域为 Span；属性 hasFESpan 表示目标词语段和由这个目标词激活的框架中充当框架元素的语段之间的关系，该属性将目标词语段与框架元素语段进行了句法层面的连接，其定义域为 Span，值域为 SyntaticObject；属性 hasPTS 表示该短语在例句标注过程中充当的短语类型，其定义域为 SyntaticObject，值域为 PhraseT；属性 hasGFS 表示该短语在例句标注过程中被标注的句法功能，其定义域为 SyntaticObject，值域为 GramF。

**4. 语义或句法实体之间的层次关系**

语义或句法实体之间的层次关系是一个额外属性，主要是对前面所述的语义和句法两方面包含与被包含的属性作了一个总结，从另一个角度对这四个属性进行分类。该属性包括两个子属性 partOf 和 subSumes，其中 partOf 包括了 partOfSem 和 partOfSpan，subSumes 包含了 subsumesSem 和 subsumesSpan。

## 三、汉语框架网络本体模板的自动生成

根据上述思想，我们将利用 Java 语言调用 Jena 包来实现本体模板的自动生成。

**1. 导入 Jena 包及全局变量**

Jena 作为一个 Java 包，使用时需要将其加载到程序中。我们需要用到的三个包 com. hp. hpl. jena. ontology、com. hp. hpl. jena. rdf. model、com. hp. hpl. jena. vocabulary. XSD，都应该加载到 java 中。除此之外，我们还需要用到 java 中的 sql 包和 io 包。用程序表示如下：

```
import com.hp.hpl.jena.ontology.*;
import com.hp.hpl.jena.rdf.model.*;
import com.hp.hpl.jena.vocabulary.XSD;
import java.sql.*;
import java.io.*;
```

全局变量是在整个类中都存在的变量，在类的成员函数中都能使用。这里我们将在其他函数中共同用到的变量定义为全局变量，在本程序中它被分为四类：第一类是汉语框架网络本体的 URI，我们对其定义为公共字符串变量，即 public String baseURI = http：//www. w3c. org/Frame#；第二类是 OntModel，我们对其解释为"本体模型"，它类似于一个盒子，后面所定义的类和属性都存放在这个 OntModel 中；第三类是本体模板中所用到的类变量；第四类是本体模板中用到的属性变量。部分程序如下：

```
public String baseURI = "http://www.w3c.org/Frame#";
public OntModel m;
public OntClass frame;
public OntClass Core;
```

```
public OntClass NonCore;
public OntClass frameElement;
public OntClass lexUnit;
public OntClass semanticType;
public OntClass semanticObject;
public OntClass syntaticObject;
public OntClass POS;
public ObjectProperty hasFE;
```
……

### 2. 创建 OntModel、类及属性

Jena 中包含了一整套用来构建类及属性的方法，在使用过程中，我们直接调用就可以。

**1）创建 OntModel**

创建 OntModel 最简单的方法就是

```
OntModel m = ModelFactory.createOntologyModel();
```

用该方法创建的 OntModel 其参数都为默认设置，目前，这些默认设置是指支持 OWL 语言描述、内部存储和支持 RDF 推理（主要指从 Sub-Class 和 Sub-Property 层次关系中继承限制）。当然，如果选择其他设置，可以在括号内对所选的参数进行说明，在这里我们选择默认设置。如果要将变量 baseURI 的值设置为 OntModel 的命名空间前缀，可以用

```
m.setNsPrefix("",baseURI)
```

来实现。

**2）创建类**

作为本体中最基本的单元——类，它通过申明为类 OntClass 的对象来创建。例如，我们要创建类语义对象（SemanticObject），可以用下述语句实现

```
OntClass semanticObject = m.createClass(baseURI+"SemanticObject");
```

在汉语框架网络本体模板的类中，语义对象（SemanticObject）有上位类 LawFrame 和下位类 Frame，我们用语句 semanticObject. addSuperClass（MyFeeling）来表示 LawFrame 是 SemanticObject 的上位类；语句 semanticObject. addSubClass（frame）表示 Frame 是 SemanticObject 的下位类。同理，我们可以定义其他的类及类之间的上下位关系，部分程序代码如下：

```
public SuperClass()throws Exception
```

```
{
m = ModelFactory.createOntologyModel();
m.setNsPrefix("",baseURI);
OntClass MyFeeling =m.createClass(baseURI+"LawFrame");
semanticObject = m.createClass(baseURI+"SemanticObject");
semanticObject.addSuperClass(LawOnt);
syntaticObject = m.createClass(baseURI+"SyntaticObject");
MyFeeling.addSubClass(syntaticObject);
frame = m.createClass(baseURI+"Frame");
semanticObject.addSubClass(frame);
frameElement = m.createClass(baseURI+"FrameElement");
semanticObject.addSubClass(frameElement);
lexUnit = m.createClass(baseURI+"LexicalUnit");
semanticObject.addSubClass(lexUnit);
semanticType = m.createClass(baseURI+"SemanticType");
semanticObject.addSubClass(semanticType);
.....
```

### 3）创建属性

在 Jena 中属性通过类 OntProperty 来创建。OWL 的属性包括对象属性（ObjectProperty）和数据类型属性（DatatypeProperty），在 Jena 中，对象 OntProperty 也包含了相对应的 Java 接口 ObjectProperty 和 DatatypeProperty。虽然这两者之间在方法上并没有太大的区别，但是把 ObjectProperty 和 DatatypeProperty 进行区分可以表示出 ObjectProperty 包含的其他属性类型，如 FunctionalProperty、TransitiveProperty、SymmetricProperty、InverseFunctionalProperty。

如要建立框架之间的属性"frameRelation"，我们可以这样表示：

```
ObjectProperty frameRelation = m.createObjectProperty(baseURI+"frameRelation")
```

对该属性的其他一些限制条件，如这个属性的定义域和值域都是"Frame"类，它包含有上位属性"semantics"，并且它还是一个 TransitiveProperty，可以通过 Jena 包实现对这些限制的描述：

```
ObjectProperty frameRelation = m.createObjectProperty(baseURI+"frame-
Relation");
frameRelation.addDomain(frame);
frameRelation.addRange(frame);
frameRelation.addSuperProperty(semantics);
frameRelation.convertToTransitiveProperty();
```

其他属性表示方法与此类似，部分属性的程序代码如下所示：

```
ObjectProperty lawFrame = m.createObjectProperty ( baseURI + "
lawFrame");
    lawFrame.addDomain(LawOnt);
    lawFrame.addRange(LawOnt);
    ObjectProperty semantics = m.createObjectProperty ( baseURI + " seman-
tics");
    semantics.addDomain(semanticObject);
    semantics.addRange(semanticObject);
    semantics.addSuperProperty(lawFrame);
    ObjectProperty others = m.createObjectProperty(baseURI+"others");
    others.addSuperProperty(lawFrame);
    .....
```

4）对输出格式的设置

对汉语框架网络本体的模板描述已经完成，下面就应该考虑输出格式的问题了，在这里，可以利用代码将生成的文档设置为 OWL 文档，并且保存在 D 盘下，名称为 lawframe. owl，实现代码如下：

```
public void file(String filePath,String fileName){
    try{
        File f =new File(filePath+fileName);
        FileOutputStream w =new FileOutputStream(f);
        Model t =m.write(w,"RDF/XML-ABBREV");
    }catch(java.io.IOException e){
        System.out.println("ERROR:"+e.toString());
    }
}
public static void main(String[] args)throws Exception{
        SuperClass c = new SuperClass();
        c.file("d:\","lawframe.owl");
}}
```

在对上述程序进行编译后得到法律本体模板的 OWL 文档部分内容为

```
〈? xml version ="1.0"?〉
〈rdf:RDF
    xmlns:rdf ="http://www.w3.org/1999/02/22-rdf-syntax-ns#"
    xmlns:xsd ="http://www.w3.org/2001/XMLSchema#"
```

```
        xmlns:rdfs = "http://www.w3.org/2000/01/rdf-schema#"
        xmlns:owl = "http://www.w3.org/2002/07/owl#"
        xmlns = "http://www.owl-ontologies.com/Ontology1191056604.owl#"
     xml:base = "http://www.owl-ontologies.com/Ontology1191056604.owl"〉
     〈owl:Ontology rdf:about = ""/〉
     〈owl:Class rdf:ID = "LexicalFrame"〉
        〈rdfs:subClassOf〉
          〈owl:Class rdf:ID = "Frame"/〉
        〈/rdfs:subClassOf〉
     〈/owl:Class〉
     〈owl:Class rdf:ID = "Span"〉
        〈rdfs:subClassOf〉
          〈owl:Class rdf:ID = "SyntacticObject"/〉
        〈/rdfs:subClassOf〉
     〈/owl:Class〉
     .....
  〈owl:ObjectProperty rdf:ID = "feHasFrame"〉
     〈rdfs:subPropertyOf〉
        〈owl:ObjectProperty rdf:ID = "frameFERelation"/〉
     〈/rdfs:subPropertyOf〉
     〈owl:inverseOf〉
        〈owl:ObjectProperty rdf:ID = "hasFE"/〉
     〈/owl:inverseOf〉
     〈rdfs:range rdf:resource = "#Frame"/〉
     〈rdfs:domain rdf:resource = "#FrameElement"/〉
  〈/owl:ObjectProperty〉
  〈owl:ObjectProperty rdf:ID = "feRelation"〉
     〈rdfs:subPropertyOf〉
        〈owl:ObjectProperty rdf:ID = "semantic"/〉
     〈/rdfs:subPropertyOf〉
     〈rdfs:domain rdf:resource = "#FrameElement"/〉
     〈rdfs:range rdf:resource = "#FrameElement"/〉
  〈/owl:ObjectProperty〉
  〈owl:ObjectProperty rdf:ID = "hasSemType"〉
     〈rdfs:subPropertyOf rdf:resource = "#semantic"/〉
  〈/owl:ObjectProperty〉
  〈owl:ObjectProperty rdf:ID = "hasLU"〉
     〈rdfs:subPropertyOf rdf:resource = "#semantic"/〉
```

〈/owl:ObjectProperty〉

……

## 四、汉语框架网络本体的自动转换实现

汉语框架网络本体模板仅仅是汉语框架网络本体的总体架构，不包含任何汉语框架数据，具体数据要通过调用汉语框架网络数据库来自动填充到模板中。

### （一）词汇数据库的读取

#### 1. 框架的填充

框架的填充是通过用 SQL 语言调用数据库来实现的，我们提供了一个人机交互界面，用户可以从这个界面中选择需要生成本体的框架名，在点击确定后，响应事件会根据提交的内容找到框架的各种信息并自动填充到本体模板中。框架分为四个部分：框架总体信息、框架元素信息、框架关系信息与词元信息。这里我们首先要解决对框架的分类，框架根据有无词元进行划分，可以分为背景框架（BackGroundFrame）和词元框架（LexicalFrame），因此我们在对框架归类时应先将表 LexUnit 遍历，如果发现该框架有对应词元则归为词元框架，否则，归为背景框架。在数据库中框架的总体信息包括框架含义、创建日期、修改日期、创建者等，我们从数据库中查出后直接插入到本体中，具体代码如下：

```
public void newOnto(String id)throws Exception
  {
    String frameStr = null;
    if(id.equals("all")){
      frameStr = "select * from Frame ";
    }else{
      frameStr = "select * from Frame where Frm_ID = "+id;
    }
    rs = database.executeselect(frameStr);
    if (rs.next()){
      String frm_Name = rs.getString(2).trim();
      OntClass myFeeling =m.createClass(baseURI+frm_Name);
  String luStr = "select LexUnit.Name from LexUnit where and Frame_ref = "
+id;
      lu = database.executeselect(luStr);
      if(lu.next()){
        myFeeling.addSuperClass(lexframe);
```

```
}else{
  myFeeling.addSuperClass(backframe);
}
try{
    myFeeling.addProperty(hasEName,rs.getString(3));
}catch(Exception e){
}
try{
  myFeeling.addComment(rs.getString(4),"");
}catch(Exception e){
}
try{
  myFeeling.addProperty(createdDate,rs.getString(7));
}catch(Exception e){
}
try{
  myFeeling.addProperty(createdBy,rs.getString(8));
}catch(Exception e){
}
try{
  myFeeling.addProperty(modifyDate,rs.getString(9));
}catch(Exception e){
}
```

2. 框架元素的填充

框架元素的填充有三个关键：第一是框架元素的命名，为了区分不同框架下的同名框架元素，我们规定的命名规则是"框架_ FE_ 框架元素名"，因此要想办法将数据库里的数据按照命名规则来填充到本体模板中；第二是区分核心和非核心框架元素；第三是将框架与对应的框架元素用属性"hasFE"连接。

第一个关键的解决办法是将命名规则用"代表框架的变量+"_ FE_ "+代表框架元素的变量"来表示。其代码可以如下表示：

```
OntClass FEName=m.createClass(baseURI+frm_Name+"_FE_"+rss.getString(2).trim())
```

第二个关键的解决办法：关于核心和非核心框架元素的区分在数据库中都有所体现，在表 FrameElement 中的字段 Core 中，如果为核心框架元素则编号为 1，否则为 0。根据数据库中该字段数值的特点我们可以很轻松地断定是核心还是非核心框架元素。其代码如下：

```
if(rss.getString(6).equals("1")){
FEName.addSuperClass(Core);
}else{
  FEName.addSuperClass(NonCore);
  }
```

第三个关键的解决办法是创建一个匿名类，该类作为以框架名命名的类的父类，具体是利用 Jena 包中的 Restriction 类实现的。除此之外我们将框架元素名称、简写、创建日期及描述等方面的内容全部添加到了本体中。部分代码如下：

```
String FEStr = "select * from FrameElement where Frame_Ref = "+id;
rss = database.executeselect(FEStr);
while(rss.next())
{
OntClass FEName=m.createClass(baseURI+frm_Name+"_FE_"+rss.getString
(2).trim());
     Restriction rr = m.createRestriction(hasFE);
                    SomeValuesFromRestriction       s       =
rr.convertToSomeValuesFromRestriction(FEName);
  myFeeling.addSuperClass(s);
  try{
    FEName.addProperty(hasAbbr,rss.getString(3).trim());
    }catch(Exception e){
         }
  try{
    FEName.addComment(rss.getString(4),"");
    }catch(Exception e){
         }
.....
```

### 3. 语义类型的填充

语义类型存放在数据库中的表 SemanticType 和表 STinherit 中，前者存放了语义类型的序号、名称和描述等信息，而后者存放的是各个语义类型之间的层级结构关系，它是通过每个语义类型的唯一编号来体现的。语义类型的填充可以分为两步。

第一步是找出该框架包含的框架元素对应的语义类型名称，并用属性 hasST 连接，具体实现是根据用户选择的要生成本体的框架找到对应的框架元素及其对应的语义类型编号，然后根据该编号在表 SemanticType 中找到语义类型的名称。

具体程序如下：

```
public String GetFTName(String id)throws SQLException
  {
    if (id==null){
      id="1";
    }
    String ftStr = "select Name from SemanticType where ST_ID = "+id;
    ResultSet rs = database.executeselect(ftStr);
    while(rs.next()){
      return rs.getString(1);
    }
    return null;
  }
```

第二步是体现语义类型的层级结构，其具体实现方法是利用递归算法对表STinherit 逐层遍历，直到达到最顶层的语义类型为止。具体程序如下：

```
public OntClass GetFT(String id)throws SQLException
  {
    ResultSet rs = null;
    OntClass fparent;
    OntClass parent;
    String ftStr = "select ParentST_Ref from STinherit where ChildST_Ref = "+id;
    rs = database.executeselect(ftStr);
    while(rs.next())
    {
      String stid = rs.getString(1);
      if (m.getOntClass(baseURI+GetFTName(stid))! =null)
      {
        parent = m.getOntClass(baseURI+GetFTName(stid.trim()));
        return parent;
      }else{
        fparent = GetFT(stid);
        parent = m.createClass(baseURI+GetFTName(id));
        parent.addSuperClass(fparent);
        return parent;
      }
    }
```

```
    }
    if (m.getOntClass(baseURI+GetFTName("1"))! =null){
      parent = m.getOntClass(baseURI+GetFTName("1"));
    }else{
      parent = m.createClass(baseURI+GetFTName("1"));
      parent.addSuperClass(semanticType);
    }
    return parent;
}
```

#### 4. 框架关系的填充

汉语框架网络本体中一共涉及八种关系，框架之间的关系存储在数据库的 **FrameRelation** 表中，我们将框架的关系抽取出来后按照类似于框架元素的模式设计为框架的限制类。具体代码如下：

```
String FrRelationStr = "select Name,RelationType_ref from Frame,Frame-
Relation where Frm_ID = subFrame_Ref and superFrame_Ref ="+id;
      fr = database.executeselect(FrRelationStr);
      while (fr.next())
      {
        OntClass newFrame;
        Restriction rrr;
        SomeValuesFromRestriction ss;
        if (m.getOntClass(baseURI+fr.getString(1))! =null)
        {
          newFrame = m.getOntClass(baseURI+fr.getString(1).trim());
        }else{
          newFrame =m.createClass(baseURI+fr.getString(1).trim())
          newFrame.addSuperClass(lexframe);
        }
        switch(Integer.parseInt(fr.getString(2)))
        {
          case 1：rrr = m.createRestriction(inheritFrame);break;
          case 2：rrr = m.createRestriction(zongfenFrame);break;
          case 3：rrr = m.createRestriction(seeAlsoFrame);break;
          case 4：rrr = m.createRestriction(usingFrame);break;
          case 5：rrr = m.createRestriction(perspectiveFrame);break;
          case 6：rrr = m.createRestriction(qishiFrame);break;
```

```
case 7: rrr = m.createRestriction(causativeFrame);break;
default: rrr = m.createRestriction(precedeFrame);break;
}
ss = rrr.convertToSomeValuesFromRestriction(newFrame);
myFeeling.addSuperClass(ss);
}
```

## 5. 词元的填充

框架中的词元指的是词的某一个具体的义项，在这里是由词汇加词性体现的，因此在词元的填充这部分我们不仅应该从 LexUnit 表中检索词汇还应该在 PartOfSpch 表中检索词性，这样才能做到准确。与框架元素类似，在对词元的填充中，我们也要解决以下几个问题：首先，对词元的命名，我们拟定的规则是"框架名称_ LU_ 词元"，在将数据库中的词元信息填充到模板中时应按照该规则进行重新命名；其次，要建立框架和词元之间的关系，我们借用属性"hasLU"来完成。具体代码设计如下：

```
luStr = "select LexUnit.Name,PartOfSpch.name from LexUnit,PartOfSpch
where POS = POS_ID and Frame_ref = "+id;
lu = database.executeselect(luStr);
while (lu.next())
{
OntClass LUName = m.createClass(baseURI+frm_Name+"_LU_"+lu.getString
(1).trim());
LUName.addSuperClass(lexUnit);
Restriction lur = m.createRestriction(HasLU);
SomeValuesFromRestriction lus = ur.convertToSomeValuesFromRestriction
(LUName);
myFeeling.addSuperClass(lus);
String pos = lu.getString(2).trim();
OntClass Pos;
if (pos==null){
                }else {
                        if (m.getOntClass(baseURI+pos)! =null)
                        {
                         Pos = m.getOntClass(baseURI+pos);
                        }else{
   Pos =m.createClass(baseURI+pos);
```

```
Pos.addSuperClass(POS);//add superclass
                                    }
    Restriction posr = m.createRestriction(HasPOS);
    AllValuesFromRestriction                    poss                    =
posr.convertToAllValuesFromRestriction(Pos);
    LUName.addSuperClass(poss);
                                    }

        }
        }else{
        System.out.println("没有您要查找的框架");
    }
  }
```

## (二) 例句数据库的读取

### 1. 抽取例句

例句即我们将要进行 OWL 描述的句子，这些句子都是被标注过的句子。句子数据存放在数据库 Corpus 的表 Sentence 中。我们对其标号和具体内容进行了抽取，相关代码如下：

```
String sID=rs.getObject("sid").toString();
String sText=rs.getString("stext");
```

### 2. 抽取语段

语段就是被标注例句中所有被分割而成的短语。在数据库中没有单独设置表 Span 来存储，而是采取了一定的层与标签的结构。在表 Label 中设置了 startChar（起始位置）和 endChar（终止位置）来表示该语段在句子中的位置。我们通过这两个字段并结合句子进行抽取，部分相关代码如下：

```
int startChar=Integer.parseInt(rs.getString("startChar"));
int endChar=Integer.parseInt(rs.getString("endChar"));
String spanText=sText.substring(startChar-1,endChar);
......
```

### 3. 抽取例句所属目标词元和框架

抽取出例句之后，首先需要进行描述的例句数据便是例句所属目标词元和框架，即该例句是被什么目标词激活，属于什么框架。在抽取目标词和框架之前，需要首先对所有语段进行判断以确定在标注中是充当目标词还是框架元素。相关代码如下：

```
public ResultSet getRS(String db,String dbID,String type)
{
  if("Target".equals(type))
  {
  String sqlstr = null;
  sqlstr ="select lu.name as lu,lu.POS_mark as pos,f.name as frame "+
          "from lexical_database.dbo.lexunit lu " +
  "left join lexical_database.dbo.frame f on lu.frame_ref=f.frm_id " +
          "where LU_id="+dbID;
  ResultSet rs = null;
  executeWay ew = new executeWay();
  rs = ew.exeSqlQuery(sqlstr);
  return rs;
} else if("FE".equals(type))
{
          String sqlstr = null;
          sqlstr = "select abbrev,name as fe,definition,core " +"from
lexical_database.dbo.FrameElement where FE_id= "+dbID;
          ResultSet rs = null;
          executeWay ew = new executeWay();
          rs = ew.exeSqlQuery(sqlstr);
          return rs;
          }
      }
```

经过判断，如果该语段是目标词元，将通过调用上述代码中查找出来的目标词和所激活的框架显示出来，相关代码如下：

```
ResultSet frameRs=this.getRS("lexunit",rs.getString("LexUnit_Ref"),"
Target");
frameRs.next();
String frame= frameRs.getString("frame");
String lu=rs.getString("LU");
```

4. 抽取语段所属的框架元素、短语类型和句法功能

如果判断该语段充当的是框架元素而不是目标词，那么就需要确定该语段充当的是什么框架元素、是什么类型的短语、在句中是什么语法成分。具体抽取需

结合多个表综合抽取，相关部分代码如下：

```
.....
String dbTableName=rs.getString("dbTableName");
String dbTableID=rs.getObject("dbTableID").toString();
String theType=rs.getString("theType");
ResultSet typeRs=this.getRS(dbTableName,dbTableID,theType);
String fe=null;String pt=null;String gf=null;
  if("FE".equals(theType))
  {
      typeRs.next();
      fe= typeRs.getString("fe");
} else if("PT".equals(theType))
  {
      typeRs.next();
      pt= typeRs.getString("mark");
} else if("GF".equals(theType))
{
      typeRs.next();
      gf= typeRs.getString("mark");
      }
.....
```

### 5. 例句实例化

完成了例句数据的抽取之后，例句数据被暂时存储在一个名为 Ont 的例句本体模型中，我们需要按照预定的规则对该例句本体模型进行实例化，并将其写入 OWL 文档。选取框架元素实例化为例，其代码如下：

```
if(ont.getFe()! = null)//获取框架元素
{
  OntClass frameElementTmp = m.getOntClass(baseURI
      + ont.getFrame()+ "_FE_" + ont.getFe());
  Individual feTmp = m.createIndividual(baseURI
      + ont.getFrame()+ "_FE_" + ont.getFe()+ "_"
      + ont.getSID()+ "_" + ont.getSpanID(),
frameElementTmp);
      feTmp.addProperty(feHasFrame,FrameTmp);
      FrameTmp.addProperty(hasFE,feTmp);
```

```
        SpanTmp.addProperty(representsFE,feTmp);
    }
```

## (三) 人机交互下汉语框架网络本体生成的部分 OWL 文档

为了使本体自动生成更加人性化且具有可操作性和扩展性,需使用 JSP 技术来编写页面,实现个人与机器交互。JSP 是 Java Server Pages 的简写,是一种实现普通静态 HTML 和动态 HTML 混合编码的技术,JSP 技术能让 Web 开发员和网页设计员快速地开发容易维护的动态 Web 主页。如图 3-29 所示,我们可以在可选的框架下拉列表中选择需要表达的框架,并选择所对应的例句,按提交按钮即可,也可以选择全选框,这样数据库中的所有框架及例句都会自动生成 OWL 本体。该网页与后台汉语框架网络数据库相连,如果有新的框架需要加入,直接从 SQL Server 中加入相关信息即可。该软件操作简单方便,人机交互界面友好并且具有很强的可扩展性。

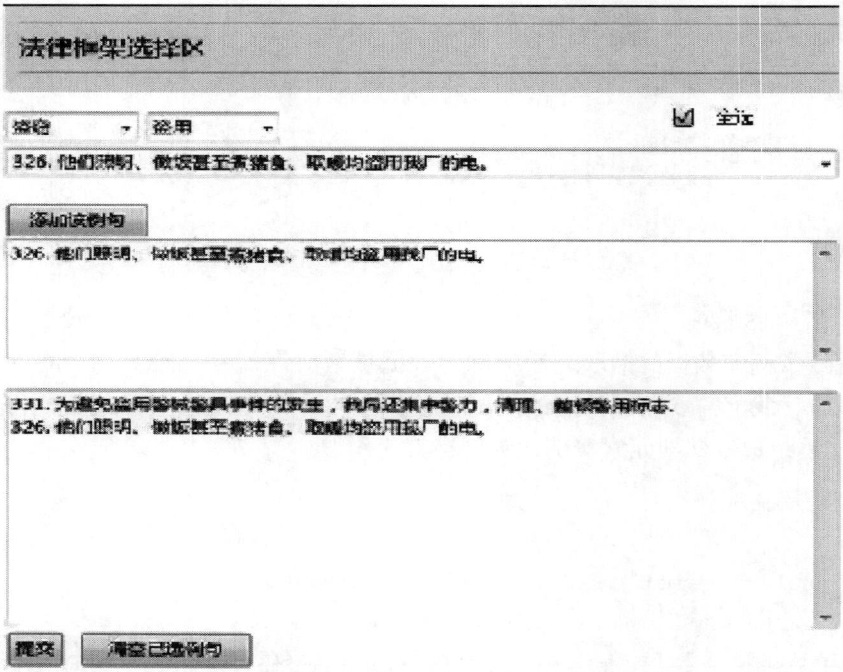

**图 3-29　汉语框架网络本体人机交互界面**

完成上述操作后,生成的本体如下:

```
〈rdf:RDF
  xmlns:rdf="http://www.w3.org/1999/02/22-rdf-syntax-ns#"
```

```
    xmlns="http://www.w3c.org/Frame#"
    xmlns:owl="http://www.w3.org/2002/07/owl#"
    xmlns:daml="http://www.daml.org/2001/03/daml+oil#"
    xmlns:rdfs="http://www.w3.org/2000/01/rdf-schema#">
  〈owl:Class rdf:about="http://www.w3c.org/Frame#盗窃">
    〈rdfs:subClassOf〉
      〈owl:Restriction〉
      〈owl:someValuesFrom rdf:resource="http://www.w3c.org/Frame#盗窃_FE_
频率"/〉
        〈owl:onProperty〉
        〈owl:ObjectProperty rdf:about="http://www.w3c.org/Frame#hasFE"/〉
      〈/owl:onProperty〉
```

点击提交后，生成的例句库 OWL 文档如下：

```
〈rdf:RDF
    xmlns:rdf="http://www.w3.org/1999/02/22-rdf-syntax-ns#"
    xmlns="http://www.w3c.org/Frame#"
    xmlns:xsd="http://www.w3.org/2001/XMLSchema#"
    xmlns:rdfs="http://www.w3.org/2000/01/rdf-schema#"
xmlns:owl="http://www.w3.org/2002/07/owl#"〉
    .....
〈盗窃_FE_物品 rdf:about="http://www.w3c.org/Frame#盗窃_物品_326_1"〉
  〈feHasFrame〉
    〈盗窃 rdf:about="http://www.w3c.org/Frame#盗窃_326"〉
  〈hasFE rdf:resource="http://www.w3c.org/Frame#盗窃_物品_326_1"/〉
  〈hasLU〉
    〈Span rdf:about="http://www.w3c.org/Frame#Sentence_326_Span_1"〉
    〈text〉我厂的电〈/text〉
    〈evokes rdf:resource="http://www.w3c.org/Frame#盗窃_326"/〉
    〈representsFE rdf:resource="http://www.w3c.org/Frame#盗窃_物品_326
_1"/〉
    〈partOfSpan〉
      〈Sentence rdf:about="http://www.w3c.org/Frame#Sentence_326"〉
        〈subsumesSpan
    rdf:resource="http://www.w3c.org/Frame#Sentence_326_Span_1"/〉
        〈text〉他们照明、做饭甚至煮猪食、取暖均盗用我厂的电。〈/text〉
      〈/Sentence〉
```

〈/partOfSpan〉
〈representsFE〉
　　〈盗窃_FE_犯罪者 rdf:about = "http://www.w3c.org/Frame#盗窃_犯罪者_
326_1"〉
　　　　〈feHasFrame rdf:resource = "http://www.w3c.org/Frame#盗窃_326"/〉
　　〈/盗窃_FE_犯罪者〉
〈/representsFE〉
〈text〉他们〈/text〉
〈hasPT〉
　　〈PT rdf:about = "http://www.w3c.org/Frame#np_326_1"/〉
〈/hasPT〉
〈hasGF〉
　　〈GF rdf:about = "http://www.w3c.org/Frame#obj_326_1"/〉
〈/hasGF〉
〈hasGF〉
　　〈GF rdf:about = "http://www.w3c.org/Frame#ext_326_1"/〉
〈/hasGF〉
　　·····

# 第四章　本体的集成研究

本体集成的目的在于实现异质的本体互操作。正如欧洲委员会资助的项目 SEKT（Semantically Enabled Knowledge Technologies）指出，本体集成是为使用多个不同本体的应用，找出这些本体之间的关系，实现本体之间的交互，以达成基于这些本体的数据间的重用。我们以汉语框架网络本体为研究对象，为有效地提高该本体构建的效率，丰富其概念及概念结构体系，以通过建立映射等方法来有效地利用其他词汇本体 WordNet、VerbNet、SUMO 等研究成果，达到本体重用及共享的目的。

## 第一节　汉语框架网络本体、VerbNet、WordNet 集成研究

语义 Web 研究中进行语义分析时需要借助一定的知识库，美国加利福尼亚大学伯克利分校的框架网络（FrameNet）工程为其提供了丰富的知识资源，它以框架语义理论和语料库支持为基础，是一个功能强大的在线语义词汇本体。汉语框架网络本体借鉴 FrameNet 项目的本体论思想及其较强的语义分析能力而构建，通过语义框架标识词汇之间的关系，提供配价模式来反映句法层面的关系，使人们能对自然语言进行较深入的语义分析。但它也有自身的不足，如词汇的覆盖面窄和语义的分析能力相对较弱。而 WordNet 丰富的词汇量和 VerbNet 在动词方面丰富的词汇覆盖面可以实现对汉语框架网络本体词汇方面的扩充，VerbNet 中的题元角色和选择限制与汉语框架网络本体中的框架元素和语义类型相似，故可以借用 VerbNet 来扩展汉语框架网络本体的语义分析能力，以实现汉语框架网络本体与 WordNet、VerbNet 的集成，最终实现扩展汉语框架网络本体词汇与语义方面的功能，构筑强大的汉语框架网络本体知识库。

### 一、汉语框架网络本体、VerbNet、WordNet 特点分析

WordNet 提供了丰富的词汇或概念知识，可称之为词汇层面的知识本体，汉

语框架网络本体、VerbNet 擅长句法分析及语义场景描述，可称之为句子层面的知识本体。

1. 汉语框架网络本体

汉语框架网络本体的理论基础是框架语义学。在框架语义学中，一个框架等同于一个有着多种组成元素的场景，在这个场景中，不同的组成元素充当不同的角色，称之为语义角色。我们可以使用框架中的语义角色来表达其中的语义关系。在汉语框架网络本体中，名词、动词和形容词都可以充当框架。每一个被标注的句子都通过框架给定的目标词和多种语义角色表达了一种句法关系。通过在汉语框架网络本体语料库中提取所有已标注句子的句法特征和对应的语义角色，我们可以得出语义框架中所有可能的句法关系。

2. VerbNet

VerbNet 基于 Levin 动词分类标准，可提供明确的句法和语义信息的动词词汇库。其基本假设为一个动词的句法框架是语义的最基本、最直接的反映。VerbNet 将动词分为若干个类，对同一个动词类，句法行为相同，则具有共同的句法框架。对每个类，又存在若干种句法框架与之对应。如果将 VerbNet 和 WordNet 中动词类和相关的汉语框架网络本体的框架联系，那么汉语框架网络本体就可以借用 VerbNet 动词来扩充自身的词汇覆盖面及句法层面知识。同样，该动词类也可能借用汉语框架网络本体的语义角色进行深层分析。

3. WordNet

WordNet 是一个基于心理语言学的机器词典。它覆盖了名词、动词、形容词和副词等几乎所有词性的英语词汇。它将这五种词性分别按同义词集的形式进行组织，在同义词集间，通过同义反义、整体部分、上下位、蕴涵（推演）等语义关系表达了较为浅层的语义信息。WordNet 中提取的一些语义特征，如属性关系、形容词/动词分类等可以用于其他词汇资源中，如将 VerbNet 中论元的选择限制（+animate，+concrete）映射到 WordNet 中的语义类，提高框架选择及角色标注的效率。同时通过连接 WordNet 中的动词和汉语框架网络本体中的词元，可扩大语义分析的覆盖面。

## 二、汉语框架网络本体、VerbNet、WordNet 集成方法

汉语框架网络本体、VerbNet 和 WordNet 三者共有的词汇为动词，因此我们以动词为核心讨论汉语框架网络本体与 VerbNet、WordNet 之间的集成方法。汉语框架网络本体通过框架和语义角色提供了很好的语义解释，但其词汇的覆盖面有限；VerbNet 定义了动词的详细的句法-语义关系，但题元角色太过笼统而无法表现语

义框架所表现的场景；WordNet 拥有很丰富的动词词汇覆盖面，但没有提供句法和语义动词行为。我们希望通过集成方法利用 VerbNet 和 WordNet 的优势来改进汉语框架网络本体的不足，使汉语框架网络本体成为一个功能强大的知识库。同时，VerbNet 也可以通过与汉语框架网络本体的连接扩展自己的框架语义信息；WordNet 中的词汇也可以具有框架语义信息。

我们将汉语框架网络本体的框架元素和语义类型与 VerbNet 的题元角色和选择限制进行连接以此增强汉语框架网络本体的语义分析能力，并增强了 VerbNet 动词类的框架语义信息；采用 VerbNet 中的动词类和 WordNet 中动词的同义和反义关系来扩展汉语框架网络本体中动词的覆盖面；并将 VerbNet 中语义角色的选择限制与汉语框架网络本体的语义类型建立联系。

（一）汉语框架网络本体和 WordNet 的集成

汉语框架网络本体和 WordNet 的集成可以分为两部分：一是汉语框架网络本体中框架和 WordNet 中词汇的集成；二是汉语框架网络本体中语义类型和 WordNet 中词汇的集成。

1. 汉语框架网络本体中框架和 WordNet 中词汇的集成

在汉语框架网络本体中，对于一个特定的词元来说，不同的义项被分属于不同的框架，从而拥有了不同的句法信息，表达了不同的语义信息；而该词元在 WordNet 中也存在多种义项并将各种义项组成同义词集的形式，所以我们可以将该词元在汉语框架网络本体中所属的多个框架与在 WordNet 中相对应的同义词集相连接。例如，对"破碎"（break）一词，它激活的框架有破碎情景（Fragmentation_ scenario），使成为碎片（Cause_ to_ fragment）。这些框架与 WordNet 中破碎（break）相对应的同义词集相连后，形成图 4-1。

在图 4-1 中，我们通过将汉语框架网络本体中各框架与 WordNet 中相对应的不同义项进行连接，使得汉语框架网络本体中特定框架下词元的数量大大增加，大大扩展了其词汇覆盖面。例如，对破碎情景（Fragmentation_ scenario）框架，它下面有词元破碎（break）、使成为碎片（fragment）、粉碎（shatter）、折断（snap）、裂成碎片（splinter），对本例中特定的词元破碎（break），它在 WordNet 中的第 2 个和第 54 个义项能够与该框架联系，故包含在这两个义项下面的词元能够并入破碎情景（Fragmentation_ scenario）框架进而增加了该框架下词汇的数量。对其他词元，如使成为碎片（fragment）、粉碎（shatter）、折断（snap）、裂成碎片（splinter），我们仍然可以将其作为一个个特定的词元按照上述方法与 WordNet 连接。

通过这种集成，WordNet 中同义词集中的所有词汇都可以作为汉语框架网络

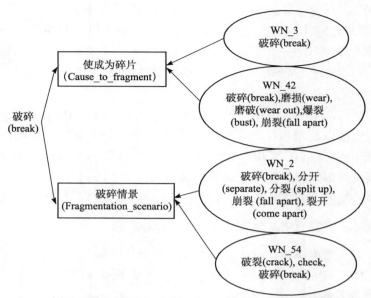

**图 4-1　汉语框架网络本体中框架与 WordNet 中同义词集的集成**

本体中对应框架的词元的备选集，汉语框架网络本体中框架下面的词元数因此大大增加，这样在用框架描述特定场景的语义信息时会更加全面。反过来，WordNet中的词汇因为与汉语框架网络本体中框架的连接，有了和汉语框架网络本体中词元一样的框架体系，可以较详细地描述其句法及各种语义信息。

2. 汉语框架网络本体中语义类型和 WordNet 中词汇的集成

汉语框架网络本体中语义类型用于描述特定框架元素的具体类型，如指定施事者（Agent）为人（Human），或者指定施事者（Agent）为工具（Instrument）、车辆（Vehicle）等。但仅仅这样是不够的，不足以为进一步研究推理打好基础。在标识了语义类型后，计算机还需要知道具体是什么人、什么工具、什么车辆充当施事者，这样计算机才能够进行语义推理进而得出正确的具体的结果。这些在汉语框架网络本体的语义类型中是没有的。我们如果将汉语框架网络本体中各个语义类型和 WordNet 中特定的同义词集相连的话，该同义词集中的同义词、下位词等就可以作为具体的语义类型的实例，这样就使得各个语义类型下都包含了具体的词汇。例如，对语义类型工具（Instrument），它可以和 WordNet 中工具（Instrument）这一词的第一个和第二个义项的同义词集进行连接，这样同义词器具（Tool）和第一个义项的下位词武器（Weapon）和鞭子（Whip）就可以作为语义类型工具的具体实例。

（二）汉语框架网络本体和 VerbNet 的集成

这两者的集成分为三部分：VerbNet 中动词与汉语框架网络本体中框架的集成、VerbNet 中题元角色与汉语框架网络本体中框架元素的集成和 VerbNet 中选择限制与汉语框架网络本体中语义类型的集成。

1. VerbNet 中动词与汉语框架网络本体中框架的集成

VerbNet 动词已与 WordNet 建立连接。我们首先将 VerbNet 动词类中各词元的义项与汉语框架网络本体词元进行比较，如果词的意义相同，则该词元所对应的框架及框架元素可用以描述 VerbNet 对应的词，VerbNet 动词类下其他词作为汉语框架网络本体框架下的补充词元。如果 VerbNet 找不到与汉语框架网络本体对应的词，应基于 WordNet 同义词集将其进行词汇扩充，再寻找其对应的汉语框架网络本体的框架。如图 4-2 所示，对于破碎（break）这一动词来说，因为 VerbNet 中破碎（break）动词类下面的词元碰撞（crash）、破裂（crack）、裂开（split）、碎裂（fracture）、撕裂（rip）、削成碎片（chip）、分裂（splinter）、粉碎（smash）、撕破（tear）、折断（snap）、碾碎（crush）、破碎（break）、打碎（shatter）与汉语框架网络本体中的框架破碎情景（Fragmentation_ scenario）和使成为碎片（Cause_ to_ fragment）有直接联系，所以我们直接将其与这两个框架进行连接，把这里的词元并入两个框架中。这样实现了 VerbNet 动词类下词元作为汉语框架网络本体框架下的补充词元的目的。

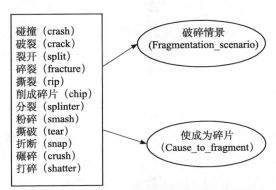

图 4-2　VerbNet 中动词与汉语框架网络本体中框架的连接

2. VerbNet 中题元角色与汉语框架网络本体中的框架元素的集成

当 VerbNet 中动词映射到汉语框架网络本体中的框架后，存在着框架的语义角色与 VerbNet 的论元对应的问题。通常情况下，题元角色比语义角色更概括，它们之间的对应通常不是一对一的模式。汉语框架网络本体可能用两个框架元素来详细描述语义角色，但对应的 VerbNet 论元可能合并为一个来描述（Shi and Mihalcea，2005）。例如，破碎（break），VerbNet 中动词类破碎（break）与汉语框架网络本体中框架使成为碎片（Cause_ to_ fragment）连接后，汉语框架网络本体中使成为碎片（Cause_ to_ fragment）框架描述的框架元素包括施事者（Agent）、致因（Cause）、受事者（Whole_ patient）和工具（Instrument），而 VerbNet 则只描述了题元角色施事者（Agent）、受事者（Patient）和工具（Instrument），因此 VerbNet 中的施事者（Agent）对应汉语框架网络本体中施事者（Agent）和致因（Cause），受事者（Patient）对应于受事者（Whole_ patient），如表 4-1 所示。另一种情况是，汉语框架网络本体中一个框架元素与 VerbNet 中多个题元角色相对应。例如，VerbNet 中动词类将来所有（Future-having）和汉语框架网络本体中框架给予（Giving）连接时，后者的框架元素捐赠人（Donor）和前者的题元角色施事者（Agent）和致因（Cause）相对应。

**表 4-1　汉语框架网络本体中框架元素和 VerbNet 中题元角色的关系**

| "破碎"（break） | "使成为碎片"（Cause_ to_ fragment） |
| --- | --- |
| VerbNet 中的题元角色 | 汉语框架网络本体中的框架元素 |
| 施事者（Agent） | 施事者（Agent） |
| 施事者（Agent） | 致因（Cause） |
| 受事者（Patient） | 受事者（Whole_ patient） |
| 工具（Instrument） | 工具（Instrument） |

3. VerbNet 中选择限制与汉语框架网络本体中语义类型的集成

选择限制作为 VerbNet 中很重要的一部分，不仅被用于语义角色的限制，而且也被用于句法–语义的转换（Schuler，2005）。试想有两个句子："我打碎了玻璃"和"斧子打碎了玻璃"。虽然这两个句子的句法特征是一样的，但却有着不同的语义角色，"我"被标识为施事者（Agent）角色，而"斧子"被标识为工具（Instrument）角色。但是这种区别并不能在句法特征中得到体现。VerbNet 对句法框架的各个论元都进行了详细的选择限制，论元被标以一种类的概念（person、concrete 等），最后就可以确定是什么充当了论元的角色。图 4-3 中"选择限制（SelRestr）"下描述了 VerbNet 的选择限制类型。例如，对第一个句子的语义角色施事者（Agent），我们可以写成 Agent［+int_ control］，表明是 int_ control 来充当施事者这一语义角色；同样，对第二个句子，可以写成 Instrument［+solid］，表明是固体来充当工具这一语义角色。

汉语框架网络本体中，同样定义了 49 种语义类型，见图 4-3 中"语义类型（ontological_ type）"下所列的类型，用以对框架元素（语义角色）进行分类，确定是什么充当了论元的角色。例如，对框架使成为碎片（Cause_ to_ fragment）中的框架元素施事者（Agent），我们可以写成 Agent（sentient），表明是"有情感意识的人"（sentient）来充当施事者这一语义角色。

如图 4-3 虚线所示，我们发现 VerbNet 中选择限制与汉语框架网络本体中的约14 种语义类型具有明确的对应关系，表明二者具有一定的相关性。

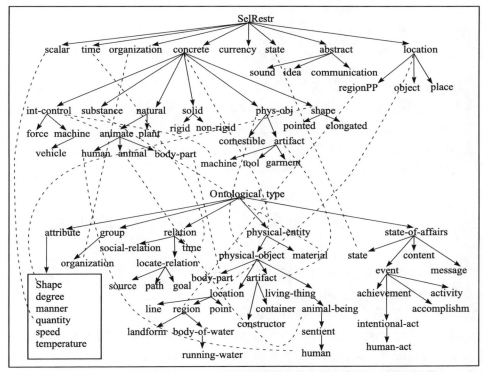

**图 4-3　VerbNet 中选择限制与汉语框架网络本体中语义类型之间建立连接**

因此在前面完成 VerbNet 中动词与汉语框架网络本体框架、谓词论元与框架元素映射后，需要根据句法特征，考虑该动词各题元角色的选择限制与框架元素的语义类型对应问题。以词元破碎（break）为例，在 VerbNet 中找到包含该词元的类破碎（Break）中对各题元角色的选择限制如下：Agent［+int_ control］，Patient［+solid］，Instrument［+solid］；在汉语框架网络本体中找到包含该词元的框架使成为碎片（Cause_ to_ fragment）中框架元素的语义类型如下：Agent（sentient），Instrument（physical_ entity）。我们认为选择限制"可控制的实体"（int_ control）可以作为语义类型"有情感意识的人"（sentient）的父类，这样汉语框架网络本体中的语义类型得到了扩充；同样，"固体"（solid）可以作为"物理实体"（physical_ entity）的子类，这样 VerbNet 中选择限制也得到了扩充。两者对应如图 4-4 所示。

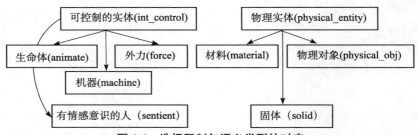

图4-4　选择限制与语义类型的对应

汉语框架网络本体是语义 Web 的研究基础，也是进行语义分析的关键。在研究当中，我们构建了大量的框架，并对大量的句子和语料进行了标注，但是汉语框架网络本体本身词元数量有限，我们通过将其与 VerbNet 和 WordNet 的集成解决了这一问题，使汉语框架网络本体词汇的覆盖面得到了极大的扩充，并最终构建了一个较丰富的知识库，为今后基于自然语言检索的工作打下了夯实的基础。

# 第二节　汉语框架网络本体中词汇的扩展

我们所构建的以法律领域为核心的汉语框架网络本体是一个有限词语集合。其涉及汉语框架 130 个，词元 1760 个（一个义项下的一个词），其中，动词词元 1428 个、形容词词元 140 个、事件名词词元 192 个，在此基础上标注了 8200 条句子，以作为构建大规模语料的样本。由于本体描述中，将词汇意义的描述同一定的语义框架相联系，从词汇层面进行概念抽象，使具有共同认知结构、支配相同类型的语义角色的一类词语集中用一个框架描述，所以每一个框架下都有体现其语境含义的若干词元支撑，如"虐待"框架下的词汇有"暴虐、虐杀、虐待、辱骂、污辱、辱骂的、殴打、打架、打、骂、猛击、家庭暴力"等。而目前词元的构造主要基于领域专家的个人经验而获得，这在一定程度上限制了词元数量，从而影响到汉语框架网络本体的应用及发展。

考虑到词元库规模对汉语框架网络本体的影响作用，我们利用同义词词林及 WordNet 中丰富的同义词集合，采用相似度算法，对框架下的词元进行扩充，以达到丰富词元库、满足未来的应用发展需要的目的。

## 一、词元库对汉语框架网络本体应用的影响

### （一）汉语框架词元库的存在问题

动词的表现形式复杂，在句法结构中活动能力最强，而汉语框架网络本体中

大部分词元为动词，其他词性占很小比例。对专家所构建的词元库，我们进行了大量的基于框架库的语料标注，发现其存在以下问题：许多出现频率高的词汇找不到对应的框架，因此无法进行对相关语句的标注。这些频率高、没有框架的词汇大致可以分为三类：一是合成动词，如动词"查封"（其中"查"和"封"分别属于"查看框架"和"封闭框架"）、动词"回到"（其中"到"属于到达框架）；二是近义词和同义词，如动词"罚"（其近义词"处罚"、"罚款"分别属于"奖励与惩罚框架"和"罚金框架"）、动词"告知"（其近义词"得知"、"知道"分别属于"获知框架"和"知道框架"）；三是形容词和名词词元。随着时代的不断发展以及网络普及，新词不断出现，特别是一些形容词和名词词元，这些词可能属于某一框架，如果能将其纳入词元库来丰富语料库，将有助于扩大标注的范围、提高标注的效率。

## （二）词元库规模对汉语框架网络本体的影响

词元库是汉语框架网络本体中众多数据库中的一个，也是最重要的数据库之一。词元库的规模将直接影响着汉语框架网络本体的规模，主要表现在以下三方面。

### 1. 词元库规模影响着语料标注的范围

词元库规模小，所涉及的词元覆盖范围有限。下载的语料体现了汉语语言的复杂多样化及词义用法灵活性特点，语料中有些句子的中心词在汉语框架网络本体中找不到对应的框架，从而无法进行语料标注，使得可标的语料范围缩小，因此需要对词元库进行实时动态更新，来满足标注的需求。

### 2. 词元库规模影响着语义配价模式的总结

词元的语义配价模式是指一个词元与所属框架的框架元素相结合的序列，反映该词元的语义结合能力。通常情况下，通过对语料库中句子的框架进行语义标注，来说明这些配价模式是如何在真实句子中实现实例化的，同时根据一个词与句子中的各种短语结合的模式形成不同的关于这个词的配价结构，在此基础上总结出最终的标注总结报告，简明显示每个词元在组合上的可能性，进行相应的"配价描述"。没有框架的词元无法进行配价模式的总结，这样既无法帮助语言学研究者有效地进行词元的语义结合能力的研究，又影响到后期的运用语义配价模式库进行匹配的自动标注问题。

### 3. 词元库规模影响着用户检索效率

在基于汉语框架网络本体的检索系统中，用户提问的解析及检索词的匹配及推理功能的实现，都依靠词元库、框架库、语料库的支持，词元库的不完善将会导致无法实现对问句的语义理解，无法从语义层面上实现对所标注的语料库的有效检索。尤其是用户检索提问的口语化，使得词元的形式多样化，如句子"他回到家"、"他到家了"、"他回家了"中的动词"回到"、"到"和"回"。词元库中的词元目前还无法考虑到人们表达句子时所有可能使用的动词及其他词汇，所以，通过丰富的语料库来不断扩充词元库的规模，将会使用户检索的准确率和查全率大幅提高。

## 二、基于同义词表的汉语框架网络本体的词汇扩展

### （一）框架词元扩展的设计思路

考虑到专家经验式构造词元的局限性，我们认为利用下载的大量语料库文本信息，采用相似度匹配原理可以实现词元的有效扩充。现有的语料库作为计算机可读形式保存的语言文本集合，由大量的自然出现的口语或书面语材料汇集而成，代表特定的语言或语言变体（杨海燕，2007）。其能够弥补专家经验不足的主观性因素。具体实现的思路如图 4-5 所示。

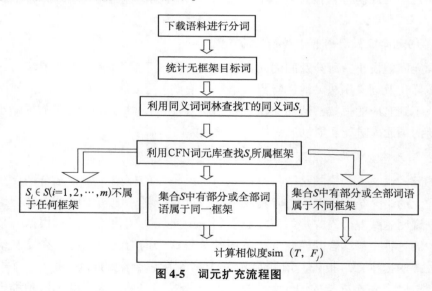

**图 4-5　词元扩充流程图**

#### 1. 语料和目标词的获取

对文本语料，我们以《法制日报》每期的刑事案件为资源，从法制网下载案例，作为全文标注对象。我们以手工方式去掉其中无用的不相关信息，并对语料的文本标题、作者、日期、句子编号等信息的格式进行规范处理。利用分词软件对所有语料进行分词处理后，得到动词目标词，以及很少一部分名词和形容词目

标词。

**2. 统计没有任何框架的目标词**

利用我们开发的计算机辅助标注软件，对目标词所在的例句进行标注，发现存在没有框架的目标词，如"父母 n 相继 d［去世 v］，w［留下 v］年幼 aq 的 u 姐妹 n 俩 q 该 v 怎么办 r？w"这句话，目标词"去世"可以激活"死亡框架"，而"留下"没有所属框架。将这一类型的无框架词元记录在相关文档中。

**3. 构建同义词集合**

利用同义词词林查找无框架目标词 $T$ 所对应的同义词，得到一个同义词集合 $S$。其中 $T$ 表示无框架目标词，集合 $S$ 表示 $T$ 的所有同义词，$S_i$ 表示集合 $S$ 中的第 $i$ 个同义词，即 $S_i \in S$（$i=1,2,3,\cdots,n$）。

**4. 查找集合 $S$ 中 $S_i$ 所属的框架**

以汉语框架网络本体中的词元库为对象，查找集合 $S$ 中 $S_i$ 所对应的框架，检索结果记录在变量集合 $F$，$F_j$ 表示集合 $F$ 中的框架 $j$，即 $F_j \in F$（$j=1,2,3,\cdots,m$）。所对应的框架存在如下三种情况，其中第一种情况我们不予考虑。

（1）$T$ 对应的同义词集 $S$ 中，没有词语能够找到其对应框架，即 $T$ 无法归入任何框架，也就是说目前所建立的词元库中，所有的词元与目标词 $T$ 的相似程度较小。

（2）$T$ 对应的同义词集 $S$ 中，一些（或全部）词语能够找到其对应的框架，且这些词语都属于一个框架。这表明，目标词 $T$ 与这个框架的词元相似程度高、关系密切。

（3）$T$ 对应的同义词集 $S$ 中，一些（或全部）词语能够找到其对应的框架，但这些词语属不同框架。这表明目标词 $T$ 可能与多个框架有关系，下一步将进一步确定它与哪个框架词元的相似程度高，从而确定其与哪一个框架的关系最为密切。

**5. 计算相似度，确定目标词对应的框架**

针对第二、第三种情况，分别计算出目标词 $T$ 与各个框架的词元相似度，将相似度高的词元所在的框架赋值给目标词。我们定义集合 $L$ 为 $F_j$ 的所有词元，$L_{jk}$ 表示框架 $F_j$ 的第 $k$ 个词元（$j=1,2,\cdots,m$；$k=1,2,\cdots,q$）。这时可以给出一个网络图来表示无框架目标词 $T$ 及其同义词集合 $S$，以及 $S_i$ 所属框架的词元集合 $L_{jk}$ 之间的关系，如图 4-6 所示。

**（二）基于语用的向量空间相似度计算**

信息检索领域，检索的过程被形式化为计算自然语言查询向量和答案文档之间的相似度，由于向量空间模型具有较强的可计算性和可操作性，已经被广泛地

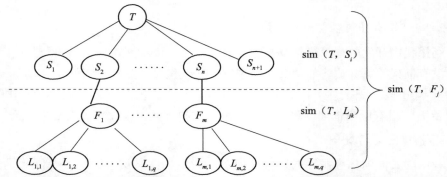

**图4-6　框架目标词 $T$ 与其同义词集合 $S$，框架集合 $F$ 以及词元集合 $L$ 关系的网络拓扑结构**

应用于文本检索、自动文摘、关键词自动提取、文本分类和搜索引擎等信息检索领域的各项应用中（鲁松等，2001）。

基于语用的采用向量空间相似度原理，以搜索引擎为语料库来源，将查询串提交搜索引擎后，计算查询串的语用相似度（成敏和鞠海燕，2005），以此计算无框架目标词与其可能归属的框架之间的相似度。

1. 计算框架的同义词 $S_i$ 与无框架目标词 $T$ 的相似度

我们利用搜索引擎为语料库，对返回结果中重叠部分进行统计分析。大多数情况下查询百度搜索引擎返回的结果很多，特别是两个字形不同、含义相近的同义词，返回相同的 URL 很少，因此人为统计较为困难。可以采取以下方法：假设 $T$ 与 $S_i$ 为同义词，将 $T$ 作为关键词利用百度搜索引擎进行查询，返回 URL 的总数计为 $R_t$，再将 $S_i$ 作为关键词进行搜索，返回的 URL 总数记为 $RS_i$，最后将 $T$ 与 $S_i$ 同时作为关键词进行搜索，搜索的条件为 $T$ 与 $S_i$ 为逻辑和的关系，且位置不作要求，返回的 URL 数量即为两查询串相同的 URL 数量。步骤如下。

（1）$T$，$S_i$ 分别提交百度搜索引擎，返回相应 URL。用 $R_t$ 表示返回的 $T$ 的所有 URL 总数；$RS_i$ 表示返回的 $S_i$ 的所有 URL 总数。

（2）计算相同 URL 的数量，记为 $k$。

（3）$\mathrm{sim}\,(T,\ S_i) = \mathrm{average}\left(\dfrac{k}{R_t+R_{si}-k}\right)$

2. 计算无框架目标词 $T$ 与词元 $L_{jk}$ 的相似度

我们基于这样的假设：无框架目标词与其可能归属的框架所包含的词元共同出现在一篇文档中的频率越高，在整个文档集合的其他文档中出现频率越低，它们的相似度就越高。由此可计算出无框架目标词与其可能所属的框架 $j$ 中的词元 $k$ 同时出现在一篇文档的权重，公式如下：

$$WL_{jk,y} = \mathrm{tf}_{jk,y}\ (\log N /\mathrm{df}_y +1) \tag{4-1}$$

式中，$WL_{jk,y}$ 为无框架目标词与其可能所属的框架 $j$ 中的词元 $k$ 同时出现在一篇文档的权重；$\mathrm{tf}_{jk,y}$ 为无框架目标词与其可能所属的框架 $j$ 中的词元 $k$ 同时出现在文档 $y$ 中的频率；$\log N/\mathrm{df}_y +1$ 为无框架目标词与其可能所属的框架 $j$ 中的词元 $k$ 在所有文档集合中分布情况的量化（$N$ 为文档集合中的文档数目；$\mathrm{df}_y$ 为无框架目标词与其可能所属的框架 $j$ 中的词元 $k$ 同时出现的文档数目）。

向量空间模型中，查询和文档之间的相似度计算运用式（4-2）。

$$\mathrm{sim}(T,\ L_{jk}) = \frac{\sum_{i=1}^{n} W_T \times WL_{jk}}{\sqrt{\sum_{i=1}^{n} W_{T^2} \times \sum_{i=1}^{n} {WL_{jk}}^2}} \tag{4-2}$$

式中，$W_T$ 为目标词 $T$ 在文档集合 $D$ 中的权重，计算公式为 $W_T=\mathrm{tf}_{x,y}\ (\log N/\mathrm{df}_y +1)$；$\mathrm{tf}_{x,y}$ 为无框架目标词 $x$ 在文档 $\mathrm{D}y$ 中出现的频率（注，这里用 $x$ 表示无框架目标词），其中 $\mathrm{df}_y$ 为含有无框架目标词 $x$ 的文档数量；$N$ 为文档的总数。式（4-2）中的 $WL_{jk}$ 表示无框架目标词与其可能所属的框架 $j$ 中的词元 $k$ 同时出现在一篇文档的频率，计算方法如式（4-1）。

3. 计算无框架目标词与其可能归属的框架之间的相似度

为了使计算更加准确，在完成了相似度计算 $\mathrm{sim}\ (T,\ S_i)$ 和 $\mathrm{sim}\ (T,\ L_{jk})$ 之后，根据式（4-3）对其进行加权求和得到最终的相似度 $\mathrm{sim}\ (T,\ F_j)$。

$$\mathrm{sim}\ (T,\ F_j) = \alpha\mathrm{sim}\ (T,\ S_i) + \beta\mathrm{sim}\ (T,\ L_{jk}) \tag{4-3}$$

式中，$\alpha$、$\beta$ 分别为权值，根据经验取 $\alpha=0.4$，$\beta=0.6$。

（三）实验结果

实验选取了 70 篇语料，都来源于《法制日报》，共涉及 1116 个目标词。其中有框架的目标词为 594 个，无框架目标词为 522 个。根据同义词词林，可以找到同义词的无框架目标词数量为 348 个，其中 204 个在同义词中有些或者全部能找到框架。表 4-2 列出了部分无框架目标词与其可能归属的框架之间的相似度，这样就能够大量丰富词元库。

表 4-2　目标词与同义词关系统计数据

| 无框架目标词 | 同义词集合 | 同义词所激活的框架 | 框架下对应的词元 | $\mathrm{sim}\ (T,\ F_j)$ |
|---|---|---|---|---|
| 告知 | 告诉；奉告；陈述（1） | （1）报告 | （1）演说 v 供认 v 断言 n 宣称 v 宣布 v 声称 v 声明 n 声明 v 自夸 v 表示 v n 揭示 v 说 v 说话 v …… 评述 v 宣告 n | 0.4653 |

续表

| 无框架目标词 | 同义词集合 | 同义词所激活的框架 | 框架下对应的词元 | sim $(T, F_j)$ |
|---|---|---|---|---|
| 打架 | 对打；搏斗（1）；打（1）争斗；大打出手；格斗；抓挠；动刀动枪；动手（2）；动武；交手； | （1）造成伤害 （2）行为开始 | （1）殴打 v 猛击 v 刺 v 打 v 棒打 v 烫 v 折断 v 打击 v 搏斗 v 烧 v 撞 v 砍 v 敲 v 打 v 撕裂 v 碾碎 v 铐住 v 鞭打 v 锤打 v 刺穿 v 戳 v 踢 v 伤害 v 毒害 v 拳打 v 扇 v 切 v 打碎 v 重打 v 折磨 v （2）开始 v 参加 v 发起 v 发动 v 动手 v | （1）0.6088 （2）0.4265 |
| 承认 | 认命；认输；确认（1）；认可（2）；肯定（3）；认错；认罪；认账 | （1）证实 （2）认可 （3）相信 | （1）确认 v 检查 v 证实 v 确定 v 证明 v 证 v 调查……v 查明 （2）批准 v 认可 v 同意 v 赞成 v 赞同 v 准许 v 认同 v （3）相信 v 肯定 v 自信 v 确信 v 疑虑 n 怀疑 v 置疑 v 置信 v 信 v 坚信 v 轻信 v 疑 v 将信将疑 ……半信半疑 i | （1）0.6136 （2）0.6098 （3）0.5911 |
| 出席 | 参加（1）；到场；列席 | （1）行为开始 | （1）开始 v 参加 v 发起 v 发动 v 动手 v | 0.4964 |
| 负有 | 包含（1）；拥有（1）；所有（1）；具有（2）；赋有；享有；具；富有；具备；有着；备；负 | （1）包含 （2）有 | （1）包含 v 容纳 v 包括 v 含有 v 涉及 v 有 v 含 v 组成 v 分为 v （2）属于 v 所有 v 拥有 v 持有 v 占有 v 有 v 没有 v 缺 v 缺乏 v 缺少 v 短缺 v 短少 v 欠缺 v 具有 v 只有 v | （1）0.5466 （2）0.5003 |
| 勾引 | 引诱（1）；利诱；诱惑（1） | （1）迷醉 | （1）醉 v 兴奋 a 昏迷 v 昏迷不醒 i 迷糊 a 迷醉 v 迷惑 v 引诱 v 诱惑 v | 0.5604 |
| 采用 | 使用（1）；应用；利用；运用；使唤；动用；用 | （1）故意影响 | （1）做 v 使用 v | 0.6082 |
| 以致 | 致；致使（1）；导致（1）；招致；诱致 | （1）原因 | （1）导致 v 引起 v 原因的 a 原因 n 惹起 v 促使 v 产生 v 发生 v 理由 n 致使 v 送 v 派遣 v 发泄 v 使 v 造成 v 让 v | 0.5774 |

尽管本次试验数据能够很好地说明无框架目标词与其可能归属的框架的关系，但是仍然有许多问题制约着计算结果的准确性。首先，实验的语料规模小，导致计算 $W_T$ 和 $WL_{jk}$ 误差较大。其次，由于不同框架下词元的个数也不相同，如"相信框架"下的词元有 39 个，而"认可，批准框架"下的词元只有 7 个，这将在一定程度上导致 $W_T$ 和 $WL_{jk}$ 不准确。最后，同义词词林的扩展比较缓慢，$T$ 的同义词不够全面，影响着计算结果的准确性。

## 三、基于 WordNet 的汉语框架网络本体的词汇扩展

WordNet 是一部以同义词集合作为基本构建单位的在线义类词典，囊括了丰富的名词、动词、形容词和副词，如果利用 WordNet 已有的研究成果，结合两者

的特点，来扩展汉语框架网络知识库的词元，将会极大程度地丰富汉语框架网络知识库中的词元。

我们对汉语框架网络本体中词元和 WordNet 词汇的层级分类体系作了深入研究，提出了实现词元扩展的匹配算法，并采用了一种跨本体的相似度计算方法 MD3 模型，通过比较概念的相似度来实现汉语框架网络知识库的词元扩展。

## （一）　汉语框架网络本体与 WordNet 的词汇组织体系

汉语框架网络本体以框架语义学为理论基础，以框架为核心，将具有相同语义角色的大量词元放在一个框架下，通过标注含有词元的例句来揭示一个词语在不同义项下的语义特征和相对应的句法配价，从而实现了句法层面的语义分析。WordNet 不是从句法上揭示词与概念的语义，而是将意义相近或者相似的词组合成为同义词集合，并通过上下位关系、整体部分关系、继承关系等一系列关系类型来揭示词语之间的语义。汉语框架网络知识库和 WordNet 揭示语义特征的角度不同，导致其各自的词汇在组织结构上存在着差异。

汉语框架网络本体和 WordNet 两者的词汇组织形式各具特点。汉语框架网络知识库根据框架语义学原理来对词元进行分类，将句法实现模式相同的词元作为一个框架类对待。WordNet 则根据词汇本身的语义来划分，把具有同一语义的词归在一起构成同义词集合，可见汉语框架网络知识库正好可以利用 WordNet 层次性及同义词集特点，将其同义集下的所有词元作为词元库的参考词元，为下一步的词元筛选提供来源，从而解决汉语框架网络知识库中词元库有限的瓶颈问题。

## （二）　利用 WordNet 扩展词元的匹配算法

由于汉语框架网络本体和 WordNet 是两种不同的本体，我们采用了一种跨本体相似度匹配的计算方法——MD3 模型，以实现 WordNet 词汇的义项和汉语框架网络知识库词元的匹配。

### 1. 实现词元扩展的算法

我们建立了汉语框架网络本体的英汉对应的词元索引表，以解决 WordNet 和汉语框架网络知识库之间语言表达不一致的问题，通过将 WordNet 中词汇的每个义项和汉语框架网络库中对应词元的语义进行比较，实现概念之间相似语义的配对。具体匹配过程分为以下几步。

（1）按照汉语框架网络本体词元索引表的顺序，将其中的一个词元输入 WordNet2.1 系统中。现假定要输入词元 $a$，它所属的框架为 $F$。

（2）在 WordNet2.1 系统中，如果含有词汇 $a$，则进行第（3）步；如果没有词汇 $a$，则会出现"在 WordNet 中没有定义该词汇"的提示，返回第（1）步，输入下一个词元。

（3）将词汇 a 的义项与框架 F 的语义进行对比。如果词汇 a 的第 i 个义项和框架 F 的语义相匹配，那么就将义项 i 下的所有词添加在框架 F 下；否则进行第（4）步。

（4）将词汇 a 的第（i+1）个义项与框架 F 进行匹配，如果匹配，则将第(i+1)个义项下所有词汇添加到框架 F 下；否则，重复第（4）步，直到词汇 a 的所有义项比较完为止（如果词汇 a 的所有义项与框架 F 在语义上不匹配，则会出现"没有匹配的义项"的提示）。

（5）输入汉语框架网络知识库的下一个词元，重复第（1）步。

该匹配过程对应的算法实现如图 4-7 所示，其中，f_LU 是汉语框架网络本体中的词元；F 是汉语框架网络本体词元所对应的框架；w_LU 是 WordNet 中的词元；SenseNum（f_LU）是汉语框架网络本体的词元在 WordNet 中的义项数；Sense（）是义项；w_LUNum（Sense（j））是 WordNet 中词元 j 在某义项下的同义词数量。

```
For each f_LU in CFN
  {
    F = frame(f_LU)
  If f_LU defined in wordnet
    { i = SenseNum(f_LU)
    For j = 0 to i-1
    { if Sense(F) = Sense(j)
      m = w_LUNum(Sense(j))
       { for k = 0 to m-1
         F = w_LU(k)
       } // For_end
    Else
      Label with " no matching "
    } // For_end
  } If 子句
```

**图 4-7　WordNet-LU 与 CFN-LU 匹配算法**

### 2. 基于 MD3 模型的语义相似度计算

使用 WordNet 扩展汉语框架网络知识库词元的过程中，如何来判定两个概念的语义相似，是比较难的一步。借鉴典型的计算跨本体概念间语义相似度的方法——MD3 模型，该模型通过计算同义词集、特征属性和语义邻居之间的加权和来实现概念之间的相似度匹配（董发花等，2007）。我们对此模型进行修正，通过计算概念同义词集、语义关系和语义邻居之间的加权和来比较概念的相似度。假设汉语框架网络本体中的词元 $a$ 激发的框架为 $F$，词汇集 $A$ 中包含了框架 $F$ 下的所有词元；$b$ 为 WordNet 中的词汇（在本文中，$a$ 和 $b$ 是同一个词，只不过属于不同的本体），同义词集 $B_i$ 代表词元 $b$ 在第 $i$ 个义项下所有词汇的集合。那么概念 $a$ 与概念 $b_i$ 的相似度通过式（4-4）就可得到：

$$\text{sim}(a, b_i) = wS_{\text{synsets}}(a, b_i) + uS_{\text{relation}}(a, b_i) + vS_{\text{neighborhood}}(a, b_i) \quad (4\text{-}4)$$

式中，$S_{\text{synsets}}$，$S_{\text{relation}}$ 和 $S_{\text{neighborhood}}$ 分别为概念同义词集相似度、语义关系相似度和语义邻居相似度，$w$、$u$ 和 $v$ 分别为三种相似度的权重，其中 $w$ 取值 0.5，$u$ 取值 0.25，$v$ 取值 0.25，$w+u+v=1$。$S_{\text{synsets}}$ 为词元 $a$ 与其在 WordNet 中对应的各个义项下同义词集 $B_i$ 的相似度；$S_{\text{neighborhood}}$ 为词汇 $a$ 与同义词集 $B_i$ 各自所有上位词集合间的相似度；$S_{\text{relation}}$ 为词汇 $a$ 与同义词集 $B_i$ 分别构成的上下位词汇层次语义关系间的相似度，其中概念 $a$，$b_i$ 语义关系的相似度通过式（4-5）可以得到：

$$S_{\text{relation}}(a, b_i) = \begin{cases} 1, & rb_i \leqslant ra \\ 0, & \text{其他} \end{cases} \quad (4\text{-}5)$$

在式（4-5）中，我们规定只有两者属于同一种关系或者 $b_i$ 层次结构的语义关系是词汇 $a$ 层次结构的语义关系的子集时，$S_{\text{relation}}$ 为 1，否则为 0（Zhong et al.，2002）。概念 $a$ 与 $b_i$ 语义邻居的相似度（$S_{\text{neighborhood}}$）和同义词集相似度（$S_{\text{synsets}}$）通过其各自的同义词集合 $A$、$B_i$ 来描述，我们借鉴"特尔斯凯"公式（Trersky），在此基础上进行修正，相似度计算通过式（4-6）实现：

$$S_i(a, b_i) = \frac{|A \cap B_i|}{|A \cap B_i| + \alpha_i(a, b_i)|A - B_i| + (1 - \alpha_i(a, b_i))|B_i - A|} \quad (4\text{-}6)$$

式中，$A \cap B_i$ 表示 $A$ 与 $B_i$ 共有的词汇个数，$A - B_i$ 表示属于 $A$ 但不属于 $B_i$ 的词汇个数，$B_i - A$ 表示属于 $B_i$ 但不属于 $A$ 的词汇个数，参数 $\alpha_i(a, b_i)$ 通过式（4-7）进行计算

$$\alpha_i(a, b_i) = \begin{cases} \dfrac{\text{depth}(b_i)}{\text{depth}(a) + \text{depth}(b_i)}, & \text{depth}(a) \geqslant \text{depth}(b_i) \\ 1 - \dfrac{\text{depth}(b_i)}{\text{depth}(a) + \text{depth}(b_i)}, & \text{depth}(a) < \text{depth}(b_i) \end{cases} \quad (4\text{-}7)$$

式中，$\text{depth}(a)$ 表示词元 $a$ 在其所属框架 $F$ 构成的层级结构中的深度，即找到词元 $a$ 所在的框架网络中的根结点（最上一层的父框架），计算此根结点和词元 $a$ 之间的语义距离；同样，$\text{depth}(b_i)$ 表示词汇 $b$ 在第 $i$ 个义项构成的层次结构中的深度。

应用举例：图 4-8 是 hit 在两个知识库中的概念层次结构，其中 event 是公共节点。在汉语框架网络本体中，词元 hit、pick off 和 shoot 都属于 Hit_ target 框架，而 Intentionally_ affect 与 Intentionally_ act 是框架 Hit_ target 的上层框架，这些框架和框架下的所有词元就构成了 hit 在汉语框架网络知识库中的层次结构。图中还列出了 hit 在 WordNet 中前 3 个义项的层次结构。为了扩大框架 Hit_ target 的词汇量，以词元 hit 为例，我们需要分别计算框架网络中词元 hit 与 hit 在 WordNet 中各个义项下对应同义词集的相似度，计算步骤如下。

（1）求框架 Hit_ target 下词元 hit 与其第 1 个义项中同义词集的相似性系数 $\alpha_1$。由式 4-7 可知，depth（ahit）= 3，depth（$b_1$）= 4，$\alpha_1$ = 0. 4286。

（2）计算 hit 的概念同义词集相似度 $S_1$。由于 Ahit = {hit, pick off, shoot}，$B_1$ = {hit}，所以 | Ahit ∩ $B_1$ | = 1，| Ahit−$B_1$ | = 2，| $B_1$−Ahit | = 0，根据式（4-6）可知 $S_1$ = 0. 5385。

（3）计算 hit 的语义邻居相似度 $S_{neighborhood}$。计算框架 Hit_ target 所有上位框架包含的词元与 hit 第 1 个义项的所有上位词汇集之间的相似度，即通过计算集合 {event, go_ on, happen, occur, take place, transpire , act, carry out, conduct, do, engage, execute, perform, do, do_ something_（with_ to），do_ what_（with_ to），affect, impact, influence} 与集合 {event, motion, move, displace, propel, impel} 之间的相似度，得出语义邻居的相似度。根据式（4-6）可知 $S_{neighborhood}$ = 0. 08。

（4）计算 hit 的语义关系相似度 $S_{relation}$。由于两个知识本体都采用继承关系，所以 $S_{relation}$ = 1。

（5）计算词元 hit 和第 1 个义项的相似度 sim（ahit，$b_1$）。根据式（4-4）可知 sim（ahit，$b_1$）= 0. 5393。同理，可以算出词元 hit 与其所有义项的相似度，根据"相似度越大，两个词汇集之间越相似"的原理从计算结果可知，义项 1、3、4、7、10、14 和 17 的语义与框架 Hit_ target 最为相似，那么这些义项下的所有词都将作为扩充框架 Hit_ target 的参考词元，在一定程度上该框架下的词元的范围得到了扩充。

总结：在相似度计算过程中，我们发现两个问题。①由于 WordNet 中每个词汇的语义划分比较细，所以针对汉语框架网络本体中一个框架下的某个词元来说，WordNet 中可能会有该词元的几个义项都属于该框架。②相似度计算结果会受到汉语框架网络本体和 WordNet 各自词汇库中词汇以及词汇个数的影响。汉语框架网络本体和 WordNet 各自的词汇库所囊括的词汇有限，在相似度计算过程中统计某一义项下两个本体所拥有的共有词汇数时，难免会受到其各自词汇局限这种不可避免的客观因素制约，从而使计算结果存在一定的误差。

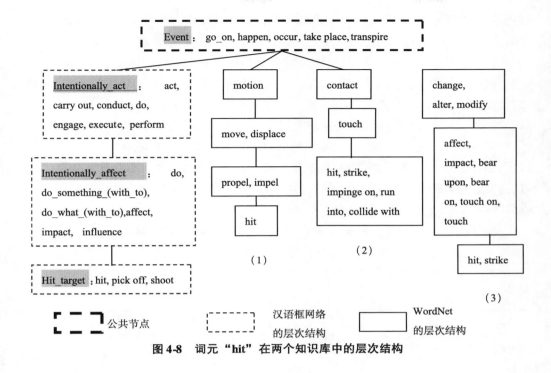

图 4-8　词元 "hit" 在两个知识库中的层次结构

# 第三节　汉语框架网络本体与 SUMO 建立映射研究

SUMO（Suggested Upper Merged Ontology，建议上层共用知识本体）是由 IEEE 标准上层知识本体工作小组所建置的一个成熟的顶层本体。汉语框架网络本体和 SUMO 都是比较成熟的资源，他们在自然语言处理中有各自的优缺点，SUMO 作为顶层本体提供的是一般的、抽象的或者哲学概念，为领域本体的建立提供了基础，通过顶层本体能衍生出许多领域的知识本体，并为一般多用途的术语提供定义，并且它富含公理，能够进行推理；但是它缺乏词汇信息。而汉语框架本体通过语义及句法配价进行建模，并且用大量的高质量的标注例句对其进行实例化，具有高层次的、丰富的语义信息，提供了对自然语言进行句法及语义分析的手段，但它的词汇覆盖面较小，并且缺乏类似 SUMO 本体中的公理。若建立汉语框架本体与 SUMO 映射，将使汉语框架本体通过利用 SUMO 来使得其部分数据获得公理性，也可以使 SUMO 通过汉语框架本体及其标注例句对本体知识进行补充（Jan et al.，2007）。

本体映射是指两个本体存在语义级的概念关联，通过语义关联，实现将源本体的实例映射到目标本体的过程，其最重要的过程就是发现语义关联（张晨彧和穆斌，2006）。本体映射的功能就是要在已经生成的本体上建立联系，以便与其他本体使用通用接口，对同一事物有共同的理解。本体映射的方法有很多，如基于语义的方法、基于概念实例的方法、基于概念定义的方法和基于概念结构的方法等。为了提高映射的准确率，一个本体映射往往是若干方法的结合。我们着重研究汉语框架网络本体的框架、框架关系、语义类型和框架元素与 SUMO 的映射问题，旨在实现汉语框架网络本体与 SUMO 之间的知识共享和重用。其中建立的映射采用的是将基于概念定义和基于概念结构相结合的方法。基于概念定义的方法是指在映射时主要考虑本体中概念的名称、描述、关系、约束等，而基于概念结构的方法则考虑了概念间的层次结构，如结点关系（父结点、子结点）、语义邻居关系等。

框架包含框架定义、框架元素、语义类型、框架关系和词元等方面的信息，如表 4-3 是对"逮捕"框架的描述。我们将从框架定义、词元、框架关系、框架元素、语义类型 5 个层面建立汉语框架本体与 SUMO 的映射。

**表 4-3　"逮捕"框架描述**

| 定义 | 框架元素 | 语义类型 | 框架关系 | 词元 |
|---|---|---|---|---|
| 官方指控被怀疑犯罪的犯罪嫌疑人，司法机关作出逮捕决定，官方执行这一决定，并把犯罪嫌疑人羁押起来，它是最严厉的刑事诉讼强制措施 | 官方、指控罪名、犯罪行为、司法机关、犯罪嫌疑人、修饰、手段、地点、法律依据、时间 | Sentient、Manner、State_of_affairs、Locative_relation、Time | 父框架：强制措施；总框架：诉讼程序；前序框架：传讯；总域：导致禁闭；子域：自首 | 逮捕，抓捕，逮，抓住，缉捕，搜捕，捉拿 |

## 一、汉语框架网络本体中的框架、词元与 SUMO 建立映射

由于 SUMO 本体目前的中文版本仍不是很成熟，并且本体映射的研究还多局限于英语的应用领域，所以我们在建立映射前需要将汉语框架转换成对应的英文。我们使用的映射策略是根据各个本体中对概念的描述将汉语框架本体和 SUMO 直接建立映射关系或者将 WordNet 作为中介，先在 WordNet 中找到词汇对应的词集，然后根据 WordNet 与 SUMO 之间的映射关系，找到对应的 SUMO 类。

### 1. 以框架为中心的映射

框架在本体中是对其对应所有词元的一个抽象，即词元与框架有相同的框架元素等信息，我们可以把词元理解为框架的近义词集，我们把词元和框架作为一个整体和 SUMO 建立映射，即如果一个框架和某个 SUMO 类建立了映射关系，那么它下属的词元也将和该 SUMO 类建立映射关系。如图 4-9 所示，根据对类的描述我们发现法律领域中的"犯罪"（Committing_crime）与 SUMO 中的类"犯罪"（Committing_crime）存在映射关系。在 SUMO 中"CriminalAction"有自己的结构体

系，而"犯罪"（Committing_crime）在法律网络中也有自己的结构体系，我们在建立映射时以不破坏两个本体各自的体系结构为原则，分别建立带有词元框架与 SUMO 词集的对应，即犯罪（Committing_crime）［违法、…］与 SUMO 类"CriminalAction"建立映射关系。其中方括号内的部分为该框架下对应的词元。

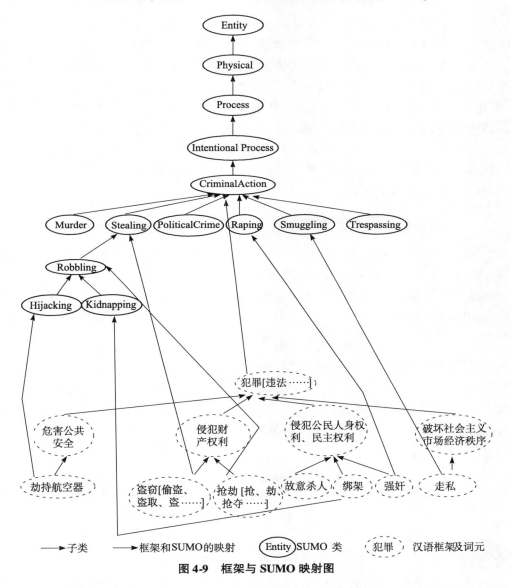

**图 4-9　框架与 SUMO 映射图**

SUMO 类中"CriminalAction"的子类有 Murder、Stealing、PoliticalCrime 等。法律领域中"犯罪"（Committing_crime）的子框架有侵犯公共安全、侵犯财产

安全等类，而这些类下还有更具体的代表具体罪行的类，如劫持航空器、盗窃、抢劫等类。而这两个本体的子类之间也存在映射关系，即盗窃（Theft）［偷盗，盗取，盗…］与 SUMO 类 Stealing 建立映射，其他框架的映射与此类似。

2. 以词元为中心的映射

将汉语框架网络中的词元为对象，我们使用的方法是将 WordNet 作为汉语网络网络本体和 SUMO 的中介，即将词元对应到 WordNet 中具有相同意义的词集中，再以该词集与 SUMO 的映射关系来确定汉语框架网络本体词元与 SUMO 的映射，即将法律领域的词元作为 SUMO 类的下位类。此方法利用 WordNet 词汇量大的特点弥补 SUMO 中词汇信息少的不足。以词元"逮捕"为例，我们在 SUMO 的搜索引擎中输入逮捕对应的英文 arrest，该搜索引擎自动找到 WordNet 中与逮捕（arrest）对应的 4 个义项，根据描述，我们找到与逮捕（arrest）符合的义项 take into custody，其对应的 SUMO 类是 Imprisoning；因此我们将逮捕（arrest）作为 SUMO 类 Imprisoning 的子类。

## 二、汉语框架网络本体中的语义类型与 SUMO 建立映射

汉语框架网络本体中的语义类型主要基于框架元素的类型特点，在与 SUMO 本体、WordNet 的体系结构相关的基础上构建起来，其参照 FrameNet 的本体语义类型规定，大约涉及 49 种本体语义类型，我们以 WordNet 作为中介进行映射，可分为以下四种情况。

1. 语义类型直接与 SUMO 类建立对应关系

汉语框架网络本体中一些语义类型有对应的 SUMO 类，如形状（Shape）、时间（Time）、关系（Relation）、物理实体（Physical_ Entity）、地点（Location）等语义类型都在 SUMO 类有对应。以盗窃（Theft）框架中的框架元素——地点（Place）为例，它对应的语义类型是位置（Location），定义为

```
〈semType ID="54" name="Location" abbrev="LOCN"〉
    〈definition〉WN synset：location〈/definition〉
    〈superTypes〉
      〈superTypes superTypeName="Physical_object" supId="68"/〉
    〈/superTypes〉
  〈/semType〉
```

由上我们得知语义类型位置（Location）与 WordNet 中的 location 建立了等同映射关系，而在 SUMO 中与 WordNet 中词汇 location 建立等同关系的是 Region，由此我们认为语义类型位置（Location）与 SUMO 中的 Region 建立了等同的映射

关系。

2. 语义类型与多个 SUMO 类的交集建立映射关系

如汉语框架网络本体中一些语义类型在 SUMO 类没有明确对应关系，但其可以和多个 SUMO 类的交集建立映射，以盗窃框架中的框架元素犯罪者（Perpetrator）为例，它对应的语义类型是感知者（Sentient），定义为

〈semType ID="5" name="Sentient" abbrev="Sentient"〉
　〈definition〉Marks FEs whose fillers are sentient beings; dogs, definitely; bacteria,probably not; comatose people,planeria,maybe.This is a common-sense type, with fuzzy boundaries, not a precise bio-medical category.〈/definition〉
　〈superTypes〉
　　〈superTypes superTypeName="Animate_being" supId="65" /〉
　〈/superTypes〉
〈/semType〉

在汉语网络网络本体中定义的感知者（Sentient）是一个活的生物，但在 SUMO 中与之对应的类 SentientAgent 并不一定是活的，有机物也可以是 Sentient Agent。因此我们认为感知者（Sentient）既继承了 SUMO 类 SentientAgent，也继承了 Animal，表示为 Sentient→SentientAgent ∧ Animal。

3. 语义类型作为 SUMO 类的上位类处理

如果有些语义类型的含义比对应的 SUMO 类广，那么我们将 SUMO 类作为语义类型的子类。以线路（Line）为例，它的定义为

〈semType ID="176" name="Line" abbrev="Line"〉
　〈definition〉Type for locations viewed as lines: _on West Main St._, _the equator_〈/definition〉
　〈superTypes〉
　　〈superTypes superTypeName="Location" supId="54" /〉
　〈/superTypes〉
〈/semType〉

线路（Line）在汉语网络网络本体中的意思是二维的线性区域，街道、赤道、航线等都属于它的范畴。而与之建立映射的 SUMO 类——TransitWay，主要包括用来运输的公路、水路或航空等，由此得知，线路（Line）比 TransitWay 含有更广泛的含义，因此，我们将 TransitWay 作为线路（Line）的子类。

4. 语义类型与 SUMO 类的实例建立映射关系

语义类型的含义比对应的 SUMO 类广，但其与这些类的实例含义接近。如语

义类型源点（Source）、路径（Path）、目的（Goal）与 SUMO 类的 SpatialRelation 对应关系不明确，我们发现它们与实例 origin，path 和 destination 非常相近，因此，我们将 origin 作为源点（Source）的实例，path 作为路径（Path）的实例，destination 作为目的（Goal）的实例，即表示为

```
origin：Source
path：Path
destination：Goal
```

以上四类映射如图 4-10 所示，图中粗箭头代表了在语义类型和 SUMO 类之间的子类关系。这种连接保留了 SUMO 和语义类型的体系结构。

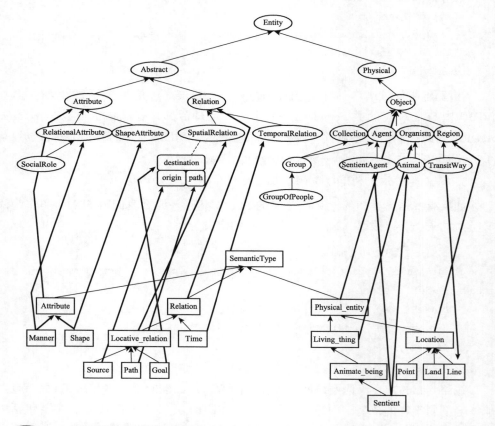

图 4-10　语义类型与 SUMO 映射

### 三、框架元素与 SUMO 建立映射

框架元素与 SUMO 映射建立在语义类型与 SUMO 映射的基础上，通过将 WordNet 作为中介来找到框架元素对应的 SUMO 类。我们使用以下方法来建立框架元素与 SUMO 的映射：①从法律领域所有的标注中确定框架元素的填槽类型；②在 WordNet 中为每一个填槽寻找它所对应的词集；③从 SUMO-WordNet 映射中寻找该词集对应的 SUMO 类。这种方法可以帮助我们找到与该框架元素对应的若干候选 SUMO 类，为了保留框架元素与语义类型的联系和框架元素的层次，一般按照以下原则处理这些候选类。

（1）如果一个框架元素 f 有语义类型，且该语义类型与 SUMO 类 $c_1$ 建立映射，那么与该框架元素的填槽类型建立映射的 SUMO 类应该是类 $c_1$ 的子类，如图 4-11 所示。

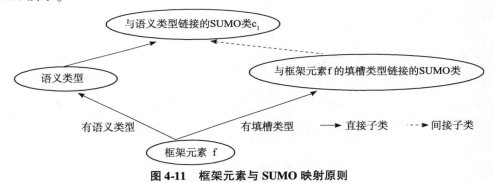

**图 4-11　框架元素与 SUMO 映射原则**

以汉语网络网络本体中逮捕框架下的框架元素"犯罪嫌疑人"为例，我们选择词元"逮捕"法律领域的句子共 17 句，这 17 句都是在北京大学汉语语言学研究中心现代汉语语料库中随机抽取的句子，从表 4-4 中可以看出具体的填槽值、中心词和出现频率。

**表 4-4　"犯罪嫌疑人"例句统计**

| 填槽 | 中心词 | 频率 |
|---|---|---|
| 吕平 | 吕平 | 1 |
| 这个男孩 | 男孩 | 1 |
| 8 人 | 8 人 | 1 |
| 苏振兴、张秀兰 | 苏振兴、张秀兰 | 1 |
| 10 多名警察 | 警察 | 1 |
| 巴勒斯坦激进组织的成员 | 巴勒斯坦激进组织的成员 | 1 |
| 姚建华 | 姚建华 | 1 |
| 反对党联合民族独立党领导人 | 反对党联合民族独立党领导人 | 1 |
| 巴基斯反对党领导人埃贾兹哈克 | 埃贾兹哈克 | 1 |
| 墨西哥农业部副部长海梅德拉莫 | 海梅德拉莫 | 1 |

续表

| 填槽 | 中心词 | 频率 |
|------|--------|------|
| 阿布穆萨迈赫 | 阿布穆萨迈赫 | 1 |
| 哈马斯活动分子 | 哈马斯活动分子 | 2 |
| 非法移民 | 非法移民 | 1 |
| 走私案犯 | 走私案犯 | 1 |
| 4 名当事人 | 当事人 | 1 |
| 约翰逊 | 约翰逊 | 1 |

从上述的统计中我们发现框架元素"犯罪嫌疑人"激活的 SUMO 类有 Human、GroupOfPeople 和 SocialRole，如表4-5 所示。

表 4-5　中心词对应的 SUMO 类或实例

| SUMO 类 | 频率 |
|---------|------|
| Human | 10 |
| GroupOfPeople | 5 |
| SocialRole | 2 |

由于"犯罪嫌疑人"有相应的语义类型感知者（Sentient），其对应的 SUMO 类是 Sentient Agent 和 Animal。根据前述的第一条原则，我们认为 Human、GroupOfPeople 和 SocialRole 是 Sentient、Agent 和 Animal 共同的子类，如图 4-12 所示。

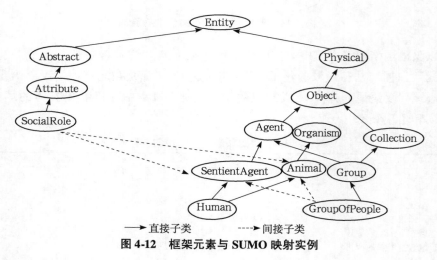

图 4-12　框架元素与 SUMO 映射实例

（2）如果一个框架元素 f 是另一个框架元素 e 的子类，那么与 f 填槽建立映射的 SUMO 类 $c_1$ 也是与 e 填槽建立映射的 SUMO 类的子类，如图4-13 所示。

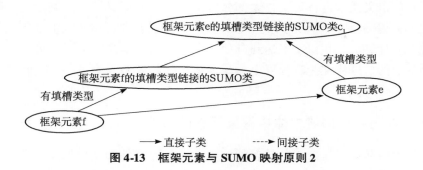

**图 4-13　框架元素与 SUMO 映射原则 2**

（3）如果框架元素 f 是另一个框架元素 e 的子类，并且 e 有语义类型，并该语义类型与 SUMO 类 $c_1$ 连接，那么与 f 的填槽类型建立映射的 SUMO 类也应该是 $c_1$ 的子类，如图 4-14 所示。

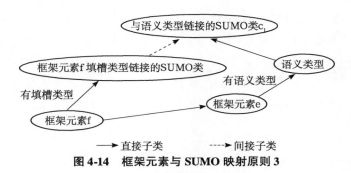

**图 4-14　框架元素与 SUMO 映射原则 3**

如果不符合上述三条原则，那么必须在框架元素的填槽类型与框架元素的语义类型的子类之间建立映射。

汉语框架网络本体与 SUMO 的映射研究对于自然语言理解、语义分析、框架元素的取值范围限制都有重要的应用价值，但这种方法基本采用手工的方法完成。如何采用半自动化方法或者自动方法完成汉语框架本体与 SUMO、WordNet 的映射，如何利用框架之间的总分关系、使用关系、因果关系、时间先后关系等，建立与 SUMO 及其他顶层本体的映射，将是今后研究的重点。

# 第四节　语义类型的自动确定

我们所构建的汉语框架网络本体中，框架元素的语义类型是参照 FrameNet 的本体语义类型进行人工定义的，但由于涉及工作量较大，目前只能对个别类型的框架元素的语义类型进行定义，大部分框架元素没有语义类型。基于此，我们旨在利用 FrameNet 中的本体语义类型表，将框架元素与 WordNet 词汇的等级结构建立对应，并计算语义相似度来达到自动确定汉语框架本体库中每个框架元素的语义类型的目的。这将在一定程度上提高本体构建的效率，为进一步完善语义信息奠定基础。

## 一、汉语框架网络本体中框架元素的特点

框架元素是语义框架涉及的各种参与者、外部条件和其他概念角色，它们与句子中激活某框架的目标词有句法联系，语义上则依附于目标词。框架元素分为核心框架元素和非核心框架元素，前者是一个语义框架所必需的，体现语义框架的个性；后者在框架的语境中可能出现也可能不出现，还可能出现在别的框架中，体现框架的共性。

当前我们所构建的汉语框架网络本体中共有框架元素 1796 个，其中核心框架元素 599 个，非核心框架元素 1197 个。由于不同的框架中可能存在着同样的框架元素，所以按照框架元素的名字进行分类统计，并计算其重复次数，我们发现非核心的框架元素重复率特别高，如图 4-15 所示，因此不计重复次数，核心框架元素有 285 个，非核心的框架元素有 225 个，这将极大地降低我们的工作量。

| Count | Name |
|-------|------|
| 133 | 时间 |
| 128 | 修饰 |
| 79 | 程度 |
| 66 | 目的 |
| 55 | 空间 |
| 51 | 方法 |
| 51 | 原因 |

图 4-15　重复率较高的非核心框架元素及出现的次数

## 二、汉语框架网络本体中的语义类型与 WordNet 的体系结构

作为一部语义词典，WordNet 根据词义来组织词汇信息，汉语框架网络本体中框架元素的语义类型完全依照 FrameNet 构建。FrameNet 为了有效地建立与WordNet、SUMO 本体的映射，其充分借鉴 WordNet、SUMO 成果来定义其本体语义类型，目前汉语框架本体库中语义类型有 49 种，各语义类型之间存在着层次关系，所以我们看到大部分语义类型在 WordNet 中都可找到对应，且层级结构类似，如图 4-16 所示。我们发现汉语框架本体库中的语义类型中有 43 种在 WordNet 中可以直接找到对应的概念，并且层级结构类似。图中虚线连接了两个本体中一些有

代表性的概念间的关联，这表明汉语框架本体库中的语义类型及其层次结构与
WordNet 中概念及层级结构有一定的关联性。因此，WordNet 所拥有的丰富同义词
集合及其上下位关系可以有效地扩展汉语框架本体库中框架元素，我们依此来确
定其语义类型，以更好地对其进行识别及归类。

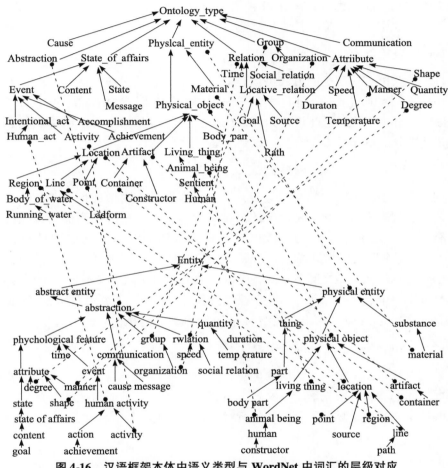

**图 4-16**　汉语框架本体中语义类型与 **WordNet** 中词汇的层级对应

## 三、框架元素语义类型自动确定的思路

在框架元素与语义类型不匹配的前提下，我们利用软件 WordNet 2.1 进行词义
扩展，通过查找其同义词及上位词等来确定与这 49 种语义类型相匹配的词，并通
过计算语义相似度，来确定该框架元素的语义类型。具体思路如下：①将框架元
素对应的英文词汇与语义类型相匹配，若匹配成功，则将该匹配的语义类型确定

为该框架元素的语义类型，否则进行下一步；②利用软件 WordNet 2.1，找到该框架元素所对应的同义词集，将其所有同义词与 49 种语义类型相匹配，若匹配成功，则将所匹配的语义类型确定为该框架元素的语义类型，否则进行下一步；③选择该框架元素所对应的同义词集的上位词集合，将该框架元素的上位词层与 49 种语义类型相匹配，找出所有与 49 种语义类型相匹配的词进行相似度计算，根据相似度最大原则以最终确定其语义类型。

## （一）直接确定

框架元素以直接匹配的方式可以建立与语义类型的对应。例如，框架元素时间（time），修饰（manner）、程度（degree），它们与语义类型中的 Time、Manner、Degree 匹配，这时该框架元素的语义类型就是其本身。通常发生这类情况的多为非核心框架元素，数量约占到总框架元素的 1/20。

## （二）WordNet 中同义词集扩展

利用 WordNet 丰富的同义词集合，我们将框架元素对应的所有 WordNet 同义词与语义类型表进行匹配，将匹配的语义类型确定为该框架元素的语义类型。由于所有的框架元素都是名词，所以只选择 WordNet 中的名词选项即可。由于 WordNet 中每个同义词集只描述一个概念，汉语框架本体中每种语义类型也只描述一个概念且语义类型之间不重复，所以不会出现同义词集中不止一个词与 49 种意义类型中一个或多个语义类型相匹配的情况。例如，框架元素原因（reason），其同义词之一为 cause，与语义类型 cause（致因）相匹配。

## （三）WordNet 中上位词集扩展

采用 WordNet 中的同义词集的上位词集进行扩展来确定语义类型，需要处理两方面的问题：一是首先确定含义相同的同义词集；二是面对该同义词集多层次性的等级结构，确定哪一层面的词集所对应的语义类型是框架元素的语义类型。

### 1. 同义词集的选择

由于存在一词多义现象，在 WordNet 中，框架元素对应多个同义词集合，非核心框架元素多是具有普遍意义的概念，如时间、地点、程度、原因等，所以通常其对应 WordNet 中第一个词集，而核心元素的含义较为具体，其因具体情况含义有所变化，如框架元素权威机构（authority）在 WordNet 中有多个含义：权力、权威者、权威性、权威机构等，我们需要通过将框架元素的含义与 WordNet 含义进行关键词匹配，才可进行选择。

### 2. 语义类型的确立

对所确定的同义词集，找到该层所有的上位词集与语义类型进行匹配，我们可能会发现不止一个上位词与语义类型相一致，这时就需要分不同情况来确定该框架元素到底归属于哪个语义类型。

若这些相匹配的上位词的层级结构与语义类型表中基本一致时，则将与该框架元素距离最近层的词汇作为语义类型来对待。例如，框架元素地点（locus），在 WordNet 2.1 中的等级结果如图 4-17（Princeton University，2009）所示，其中我们发现 region 及它的上位 location、physical object、physical entity 都出现在语义类型表中。由于 WordNet 中这些相匹配的上位词的层级结构与汉语框架网络的语义类型结构基本一致，根据就近原则，我们选择 Region 作为该框架元素的语义类型。

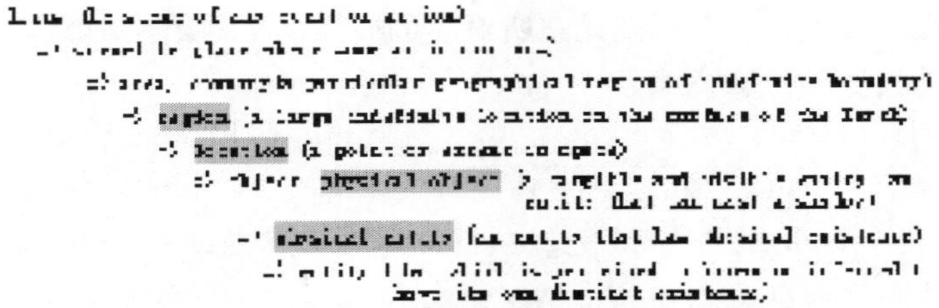

**图 4-17　locus 在表示地点意思时其上位词的等级结构**

若这些相匹配的上位词的层级结构与语义类型表中不一致时，则需要考虑在各表中的节点的语义距离，通过计算语义相似度来确定框架元素的语义类型。如框架元素特征项（Feature），在 WordNet 中的上位词的情况如图 4-18（Princeton University，2009）所示，我们发现其同义词 attribute、content、abstraction 集中出现在语义类型表中。但是，WordNet 中这些相匹配的上位词的层级结构与汉语框架网络的语义类型结构不在同一层次中，因此我们需要计算框架元素特征项（feature）和语义类型 attribute、content、abstraction 的相似度来确定其确切的语义类型。

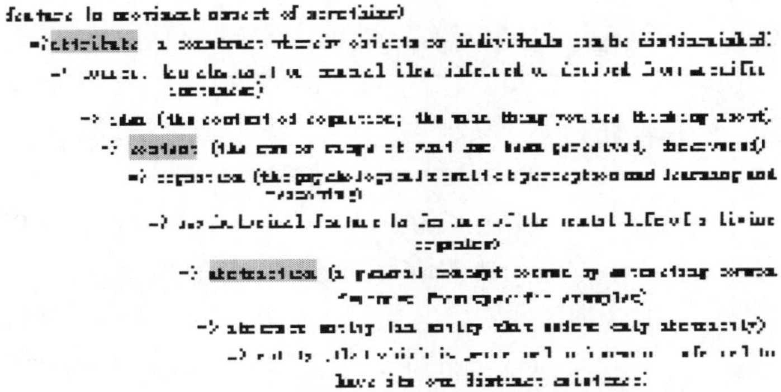

**图 4-18　feature 在表示特征项时其上位词的等级结构**

3. 算法

该算法主要解决的问题是对上位词集中语义匹配的多个词进行选择比较，通过计算比较两概念间的语义相似度来获得结果。WordNet 中，概念的分类是自上向下、由大到小的。在同一个父节点下，两个概念节点之间距离越近，其相似度越大。两个概念之间拥有的父节点深度越大，其相似度越高。基于此，我们引入 Wu-Palmer 语义相似度算法（Budanitsky and Graeme，2006），作为一种概念语义相似度算法，其提出基于长度定义的相似度，并引入了深度的制约条件，处理 is-a 层级关系（聂规划等，2008）。同时我们对该算法进行一定程度的修正，加入了对 FrameNet 语义类型表中层级结构的考虑，认为 FrameNet 语义类型中层次结构的深度与语义相似度成正比。对框架元素所对应的同义词集与语义类型，分别用 $c_1$，$c_i$ 表示，其语义相似度计算公式为

$$sim(c_1,c_i)=\frac{2\times depth(lso(c_1,c_i))+0.4\times depth'(c_i)}{len(c_1,lso(c_1,c_i))+len(c_i,lso(c_1,c_i))+2\times depth(lso(c_1,c_i))} \tag{4-8}$$

式中，lso（$c_1$，$c_i$）是概念 $c_1$ 和概念 $c_i$ 的共同父节点概念，depth（lso（$c_1$，$c_i$））是 $c_1$，$c_i$ 的共同父节点概念在 WordNet 语义等级层次中的深度，depth（$c_i$）是概念 $c_i$ 在汉语框架本体语义类型等级表中的深度，len（$c_1$，lso（$c_1$，$c_i$））是概念 $c_1$ 到 $c_1$，$c_i$ 的共同父节点概念的路径上节点的个数，len（$c_i$，lso（$c_1$，$c_i$））是概念 $c_i$ 到 $c_1$，$c_i$ 的共同父节点概念的路径上节点的个数。式中的分子中，概念 $c_1$，$c_i$ 的共同父节点概念在 WordNet 语义等级层次中的深度及概念 $c_i$ 在汉语框架本体语义类型等级表中的深度均与相似度计算结果成正比关系，分母中，概念 $c_1$ 及 $c_i$ 分别到它们共同父节点概念的路径上节点的个数与相似度计算结果成反比关系。

根据这种算法，针对图 4-18 中的例子，我们设框架元素特征项（Feature）为 $c_1$，语义类型（Attribute）为 $c_2$，语义类型（Content）为 $c_3$，语义类型（Abstraction）为 $c_4$。经计算得 sim（$c_1$，$c_2$）= 0.884，sim（$c_1$，$c_3$）= 0.7，sim（$c_1$，$c_4$）= 0.369。所以我们确定框架元素特征项（Feature）的语义类型为属性（attribute）。框架库中，Feature 的含义为"表示个体能够归入某范畴所具备的基本属性"。实践证明，此方法得到的结果与人的判断比较吻合。

上述方法有效地解决了语义类型的自动确定，但我们发现存在以下几个问题：①由于所采用的语义类型都是用自然语言描述的，具有模糊性，并且只有子类关系，缺乏公理性，不利于框架元素语义类型的确定；②我们采用的语义类型是参考 FrameNet 得出的，由于 FrameNet 的语义类型和 WordNet 中词汇的组织遵循的原则不同，前者遵循语言学原则而后者遵循知识工程学原则（Jan et al.，2007），使

得少数概念的结构组织不同，不利于框架元素语义类型的确定。同时对有些概念的表达采用的词汇不统一，如 WordNet 中的 action 和 human_ action 分别与语义类型中的 Activity 和 Human_ act 对应，我们建议有必要在语义类型中列出其同义词汇；③当前语义类型不全面，有极少数框架元素的语义类型通过上述方法仍无法确定，有必要扩充语义类型。

# 第五章 基于汉语框架网络本体的语义检索研究

传统的基于句法层次的关键词匹配技术的信息检索系统，缺少对信息资源的统一描述而没有语义处理能力，造成信息的误检、漏检等问题，使得用户查找与自己检索需求相关的信息变得越来越困难，很难实现信息资源的语义共享。本体从本质上讲是对现实世界中的概念及其相互之间关系的描述。将本体应用到信息检索技术中，用本体中的概念对信息资源及用户检索请求进行统一的形式化描述，可弥补传统关键词检索系统的不足，实现基于语义的信息检索，在查准率和查全率上有更好的保证。因此，基于我们所构建的汉语框架网络本体，探讨该本体之下的语义检索解决方案，通过对资源库的框架语义标注及用户检索提问的语义解析，采用基于概念图匹配的语句相似度算法，不仅可得到与检索条件精确匹配的信息资源，而且还能查询到与检索条件语义相关，但在语法上并不精确匹配的隐含信息资源，从而有效地提高了信息资源的检索效率。

## 第一节 本体在信息检索中的应用

当前网络信息资源的检索主要依赖于搜索引擎实现，但搜索引擎主要基于字符串匹配、字词出现位置、词频统计等进行检索，一般忽略上下文的相关性和情境的相关性，这样易于导致查询检索结果出现查准率和检索效果不理想、误检和漏查严重等问题，用户需要在大量毫不相关的信息检索结果中再次寻找有用信息，从而延长了用户查询时间，降低了信息检索效率。尽管目前一些信息检索过程采用了自然语言处理的词语切分、词性标注、句法标注等方法，但这种单纯的句法分析对检索结果的改进并不明显（刘开瑛，1991）。因此如何从 Web 检索的结果文本中抽取满足用户需求的有用信息，如何从语义角度描述词与词、概念与概念之间的关系，将语义分析的知识构成网络，在语义 Web 中获得更好的检索结果，已经成为基于 Web 的信息检索系统迫切需要解决的问题。当前许多研究者从不同角度探讨基于本体的信息检索方法，旨在利用本体知识实现对用户提问及网络资源的语义理解与分析，实现概念而不是字词匹配检索，从而提高查询的精确率。

我们基于已构建的汉语框架网络本体，探讨在法律本体之下的语义检索的解决方案，旨在提高用户检索网络法律信息资源的效率。因此，将本体技术引入信息检索领域的主要目的就是通过本体技术提供一种范围广泛的知识重用和共享的途径，以解决目前的信息检索技术存在的问题。

## 一、本体在信息检索中的作用

将本体应用到信息检索中，可起到以下两个方面的作用。

### 1. 成为人和计算机之间的桥梁，使人和计算机对概念的理解达成一致

基于关键词的检索首先要求用户输入关键词，由于自然语言表达的灵活性，存在着大量的同义词、多义词，那么如何消除计算机对自然语言和用户检索的真正意图的错误理解就显得十分重要。这时，计算机要自动识别出检索关键词的准确含义，理解用户检索的真正意图就需要借助于特定的工具——本体。它作为人和计算机交互的中介桥梁，可以帮助检索系统在多个可能的意义中选择最适合的意义。

### 2. 提高检索的查全率和查准率

查询模块可以对用户提交的关键词根据本体中的概念和概念关系说明进行查询语义扩展，使原本在基于关键词检索中遗漏的但又符合用户检索意图的信息资源被检索到，这样就大大提高了检索的查全率。同时，查询模块也可以在语义层次上明确符合用户检索意图的关键词的含义，同时在返回结果时又进一步过滤，以提高检索的准确率。

## 二、基于本体的语义检索目标

本体具有较好的逻辑推理功能，对用户给出的检索词，利用其逻辑推理功能，判断其可能所属的领域，然后分别将该领域及其所属的相关概念与定义以本体化的形式提供给用户。这样一方面可以帮助用户明确其信息需求，把未意识到的、未清晰表达的客观信息需求进一步显性化；另一方面让系统确定检索词在本体论中的确切位置，从而帮助机器理解用户的检索意图，为用户提供更精确、更相关的知识与信息。基于本体的信息检索系统需要通过两个过程来达到上述目标。

### 1. 信息资源的本体化

对收集到的文档，通过相关算法分析其内容，在本体知识的协助下，判断该文档属于哪个领域，并以此确定文档以及文档中的句子、短语在本体结构中的位置。

2. 用户检索请求的本体化

用户对信息需求的认识常常是模糊的，而且自然语言的固有特性，使得用自然语言表达的检索请求与机器用来描述的信息特征不匹配。所以，知识检索系统应该利用本体中的知识对用户的检索请求加以规范和引导，使用户既能清晰地表达检索需求，又能使计算机很好地理解用户意图。

# 第二节　基于本体的语义检索系统设计模型

按照信息检索模型的形式化定义，同时考虑实现基于本体的语义检索必须满足的信息资源本体化及用户检索请求本体化的条件，我们提出基于本体的语义检索系统模型。

## 一、系统的设计思路

（1）建立相关领域的本体。在领域专家的帮助下建立相关本体，通过对研究领域中的概念及其相互关系的规范化描述，构建出该领域的基本知识体系和描述语言，为实现某种程度的知识组织、知识重用与共享、语义检索打下基础。

（2）建立本体对象库。建立本体对象库就是将信息源中收集来的数据，参照已建立的本体及元数据的统一模式将各类异构的文档转化为统一格式，并将其进行重组与整合，基本上解决了异构性这个难题。

（3）检索请求处理。对用户检索界面获取的查询请求进行规范化，在本体的支持下创建一个能表达用户检索意图的检索式，从元数据库中匹配出符合条件的数据集合。

（4）查询结果处理。利用领域本体对检索结果进行分析、过滤、转换等相关处理后提交给用户。

如果检索系统不需要太强的推理能力，本体可用概念图的形式表示并存储，数据可以保存在一般的关系数据库中，采用图的匹配技术来完成信息检索。如果要求比较强的推理能力，一般需要用一种描述语言表示本体，采用其逻辑推理能力来完成智能信息检索。

## 二、系统的基本框架

在语义检索系统基本思路的指导下，我们给出一种基于本体的语义检索系统模型框架，如图 5-1 所示，系统共包括以下四个子系统：本体管理子系统、信息获取子系统、资源处理子系统、查询子系统。

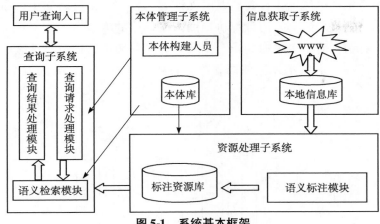

图 5-1　系统基本框架

### （一）本体管理子系统的功能

本体管理子系统在整个系统中处于核心地位，是其他子系统工作的基础。我们以构建领域本体为核心，在领域专家的参与和指导下，对整个领域的知识进行组织，定义领域内的概念、概念与概念之间的关系以及基于语义的推理规则。构建好的领域本体以一定的格式存储形成领域本体库。该子系统具体作用于三个模块：①为资源处理子系统进行语义处理提供依据，是人和机器共同理解领域信息的中介，为互联网上半结构化/非结构化的信息资源赋予语义特征；②为查询子系统中的本体语义推理引擎提供推理规则和参照；③为查询子系统中查询预处理模块中的查询问句的语义理解和查询式的构建提供参照。

### （二）信息获取子系统的功能

信息检索的对象是信息，目前互联网上的信息具有分布性、开放性、动态性等特点，给信息检索带来了极大的不便。考虑到我们所构建本体是以法律领域为核心，因此我们以《法制日报》每期的刑事案件为资源，从法制网下载案例，去掉其中无用的不相关信息（如网页目录、网页链接、图片等），对语料的格式进行规范处理（如文本标题、作者、日期、句子编号等信息的格式），并存储在本地信息资源库中。

### （三）资源处理子系统的功能

资源处理子系统的主要功能就是对半结构化/非结构化信息内容进行分析，参照已有的领域本体给它附加语义标识，然后抽取该信息的语义信息放在语义元数据库中，其中语义标注是该系统处理的核心。

　　基于汉语框架网络本体，我们以语义框架为核心，以语料库中的每条句子为处理对象进行语义分析。采用计算机辅助人工标注的方法，给语义框架所在的句子进行语义标引。对标引过的句子，抽取其语义及句法特征信息并按一定的结构存储在数据库中，形成本体标注语料库。具体处理过程可划分为五个步骤进行，如图5-2所示。

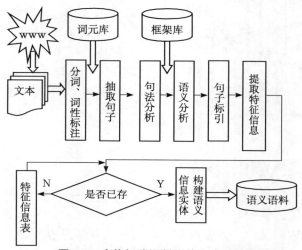

**图 5-2　本体标注语料库的生成过程**

　　第一，分词及词性标注，确定标注目标词。利用软件"分词2000"对语料中的句子进行分词和词性标注，并根据词元库确定句中的标注目标词。

　　第二，依存句法分析。进行依存句法分析的目的是确定句中目标词的依存项及与依存项之间的依存关系类型。假如，对语料中的句子"A1：某华侨农场赵明亮为了吸毒，1998年盗窃群众的自行车30多辆。"的句法依存关系进行分析，如图5-3所示。其中，subj表示主语，adva表示状语，obj表示宾语，np表示名词短语，pp表示介词短语，tp表示时间短语。

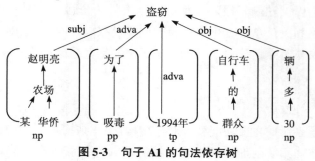

**图 5-3　句子 A1 的句法依存树**

　　第三，语义标引。根据目标词所激活的语义框架，分析句子中目标词元的依存项在语义框架中充当的框架元素，将其填入框架中相应的语义槽，完成对框架元素的实例化处理。例如，目标词"盗窃"，激活框架"盗窃"，用句子 A1 对框架元素填槽后的结果，如图 5-4 所示。

框架名称：盗窃
框架定义：犯罪者拿走属于受害人的物品
词元：盗用v. 侵占v.盗用公款v.盗窃 v. 偷窃v. 抢劫v. 偷v. 盗窃罪n. 扒手n.行窃v.
小偷 n. 偷窃v. 扒手n. 盗打v. 行窃 v.

| 框架元素： | 犯罪者 | 目的 | 地点 | 时间 | 受害者 | 来源 | 频率 | 物品 | 数量 | 工具 |
|---|---|---|---|---|---|---|---|---|---|---|
| A1：某华侨农场赵明亮 | | 为了吸毒， | 1998年 | 盗窃 | 群众的 | | | 自行车 | 30 多辆。 | |

**图 5-4　句子 A1 的框架语义分析**

　　这里，我们将句子中能填入框架中相应语义槽的目标词的依存项称为框架元素实例或"语块"。若无特殊说明，下文中的语块和框架元素实例是同一个概念。目标词的标注形式为 〈tgt w〉，tgt 是目标词的标注符号，w 是句中的目标词。对句中语块的标注形式为 "〈FE-PT-GF span〉"，FE、PT、GF 分别表示框架元素、短语类型和语法功能，span 是具体的语块。对句子 A1 的标注结果显示如下：

　　〈perp-np-subj 某 r 华侨 n 农场 n 赵明亮 nh〉〈purp-pp-adva 为了 p 吸毒 v〉，w 〈time-tp-adva 1994 m 年 nt〉〈tgt 盗窃 v〉〈victim-atta-ap 群众 n 的 u〉〈goods-np-obj 自行车 n〉〈quanti-np-obj30 m 多 m 辆 q〉。w

　　第四，提取标注例句的特征信息，包括句中词元的语义配价模式信息和框架元素的句法实现方式信息。目的是为查询子系统中的问句的语义分析作准备。

　　词元的语义配价模式是指一个词元与所属框架的框架元素相结合的序列，反映了该词元的语义结合能力。句法实现方式用来描述标注句子中被实例化的框架元素对应语块的短语类型和句法功能。它们构成标注语料库中例句的语义特征和句法特征信息。图 5-5 是例句 A1 中词元的语义配价模式信息及相应的框架元素的句法实现方式信息。

| A1：某华侨农场赵明亮 | 为了吸毒，1998年 | 盗窃 | 群众的 | 自行车 | 30多辆。 |
|---|---|---|---|---|---|
| 语义配价模式： 犯罪者 ＋ | 目的 ＋ 时间 ＋ | 盗窃 ＋ | 受害者 ＋ | 物品 ＋ | 数量。 |
| 句法实现方式： 名词短语 ＋ | 介词短语＋时间短语 | null ＋ | 形容词短语＋ | 名词短语 | 数量短语 |
| 主语 | 状语　　状语 | | 定语 | 宾语 | 宾语 |

**图 5-5　句子 A1 的语义配价模式及句法实现模式**

　　词汇语义学方面的大量研究表明：词的行为，尤其是在句中作为谓词的目标词元对其论元的表达及释义，在很大程度上是由词的意义决定的（Dan and Mirella，2007）。那么，从句中目标词的行为（目标词与其依存项之间的句法结构关系）可以推断目标词在句中所表达的语义，即框架语义，它由句中所有被语块实例化的框架元素语义组合而成。因此，语料库中例句的语义及句法特征信息可为查询子系统中用户查询问句的语义分析提供依据。它们的具体抽取步骤如下。

（1）在表 AnnotationSet 中读取句子对应的标注集 ID 和标注词元 ID。

（2）在表 Layer 中查找构成该标注集的所有标注层，选取其中标注层类型为 FE 和 TGT 的标注层 ID。

（3）在表 Label 中查找与所得标注层分别对应的记录，读取其中的标签名（LabelType_ Ref），并按照对应的 Label. ID 排序。得到的标签名序列即例句中词元的语义配价模式，将其存入表 SematicValancePatern 中。

（4）通过表 Label 中构成词元语义配价模式的每个标签在句中的位置"StartChar" 和 "EndChar"，查找该位置上标注层类型为 PT 和 GF 的标签名。

（5）在框架元素的句法信息表（SyntaxInfo）中查找与（4）中 PT 和 GF 层的标签组合方式相一致句法信息（SyntaxInfo. ID），由这些句法信息按照语义实现方式中对应框架元素的顺序构成的序列即框架元素的句法实现方式（SyntaxPatern），将其存入表 FESyntaxInstan 中。提取的每条标注句子的语义和句法信息在存入数据库之前都要与库中的已有信息相比较，如果对应表中已存在这样的信息，则读取其 ID 号存入表 AnnotationSet 中该句的标注集记录 FESyntaxInstan_ Ref 字段中。如果对应表中不存在这样的信息，则在记入语义及句法特征信息表中的同时与句子的标注集建立关联。图 5-6 显示了语料库中句子的语义及句法特征信息表的逻辑结构。

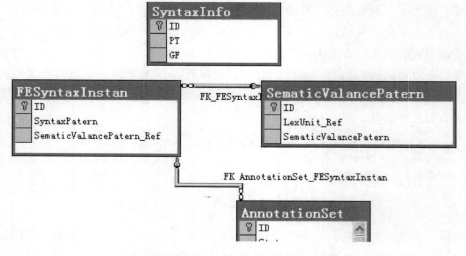

**图 5-6　标注语料的特征信息表逻辑结构**

第五，选取适当的形式，将标引过的句子作为语义信息实体存储在语义语料库中，并通过词元与本体库关联。

文本语料的全文标注与单个例句的语义分析及标注过程相同，只不过前者是一些连续的且有一定顺序的句子。

**（四）查询子系统的功能**

该子系统为用户提供友好的检索界面，接口提供采用自然语言的表达方式。查询预处理模块参照领域本体对用户的检索请求进行处理，利用本体知识对用户的提问进行语义理解，明确用户真正的检索意图，构建新的查询表达式。语义检索模块利用本体库中的元数据及相应规则进行推理，除了从标注好的信息资源库中检索出显式的信息外，还可检索满足用户要求的隐含信息。查询结果处理模块的主要功能是按照与用户查询的相关度对查询结果进行排序并以一定方式显示给用户。查询结果的排序算法对信息检索系统至关重要，一个好的排序算法是检索系统成功的保证，直接决定了查询结果对用户的有用性和重要性，主要包括检索请求处理、信息检索和答案抽取三部分模块。

**1. 检索请求处理模块**

为了让用户更好地表达其检索意图，我们向用户提供自然语言检索入口，允许用户用自然语言向系统提问，如用户想知道"赵明亮偷了什么东西?"，系统收到用户提问后，经过简单的预处理，如去除前缀、后缀，采用一些自然语言处理技术，运用汉语框架网络本体知识对用户的提问进行语义分析，得到用户的真正检索意图。处理用户检索请求的具体步骤如图5-7所示。

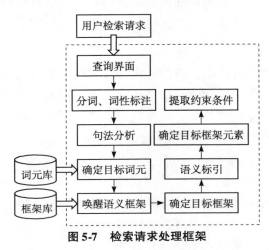

**图5-7 检索请求处理框架**

（1）用户检索请求的句法分析。对用户界面提交的检索请求的语义分析需要由计算机进行，其中关键的一步是确定问句的目标词。按照框架语义学的思想，句子中一个含有述谓意义的词汇激活一个事件场景，场景中有各种角色参加。在框架网络数据库中，这个被激活的事件场景就是"语义框架"，激活框架的具有述谓意义的词汇就是框架的词元。因此，要确定句子的目标词，必须先确定句中表达述谓意义的词汇。为此，我们考虑采用核心依存句法分析的方法，句中具有述谓意义的动词即可能是进行语义分析的目标词元。

（2）目标词的确定。依据本体库中框架的词元，从句法依存树中的根节点开始，确定可作为目标词对句子进行框架语义分析的结点词汇。

（3）目标框架的确定。我们依据本体库中词元与框架的关系来确定目标词所属的语义框架。一个词如果有多个义项，那么它在框架网络本体库中就是多个词元，每个词元对应一个唯一确定的框架。因此，当目标词是单义词时，可以确定它作为词元所对应的语义框架即为目标框架。当目标词为多义词时，可作为多个词元激活多个语义框架，则需采取系统与用户交互的方式来确定目标框架。

（4）用户提问的框架语义标引。通过问句的句法特征信息，包括句子各成分在句法依存树中的位置、短语类型和句法功能，与数据库中包含目标词元的标注例句的句法特征信息相匹配，确定问句的语义配价模式信息，从而可以准确判断各句子成分在目标框架中充当的框架元素。这样就为用户以自然语言提出的检索问句赋予了语义信息，实现了对问句的语义理解。

（5）确定提问的目标框架元素。依照疑问词表，疑问词所在的框架元素即为用户提问的目标框架元素，也就是问句的焦点。

通过对用户检索请求的一系列处理，我们将用户以自然语言提出的检索请求转化为对框架网络本体库中的语义框架、框架元素及其实例的检索。

2. 信息检索模块

在信息资源的本体化阶段，我们将法律领域相关的自然语言文本根据汉语框架网络本体的知识转化成大量的按语义框架归类、以框架元素为最小单位的信息实例，构成基于汉语框架网络本体的标注语料库。在问题处理阶段，需将用户的问题转换成对某个语义框架的框架元素及其实例的查询。经过这两部分的处理，我们就将自然语言检索的问题转换成了对实例化语义信息的检索问题。以问句的目标框架，以及除目标框架元素以外的其他框架元素及其实例为检索条件，在信息资源库中查找符合条件的框架元素实例。检索流程如图 5-8 所示。

实现步骤如下：根据从用户请求处理部分提交过来的目标语义框架，在本体数据库中查找该语义框架的所有词元；在语料库的 AnnotationSet 表中查找以这些词元为目标词的句子标注集；筛选出包含目标框架元素实例的句子，作为答案候选句提交给答案抽取模块作进一步处理。

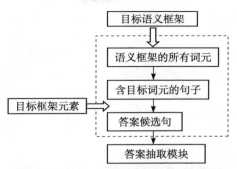

**图 5-8　实例化语义信息的检索流程框架**

3. 答案抽取模块

　　答案抽取模块收到信息检索模块提交的答案候选句后，采取一定的算法计算出各答案候选句与用户检索请求的相关度，按照相关度大小进行排序并选取出相关度最大或达到一定阀值的句子作为答案句。最后，提取句中目标框架元素的实例，或按照用户要求的形式将答案提交给用户。图 5-9 是答案抽取模块的工作流程。

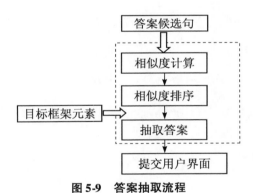

**图 5-9　答案抽取流程**

# 第三节　查询子系统中的关键技术

　　查询子系统在整个语义检索系统中处于核心地位，检索的目的是向用户提供与提问内容最相符的答案。而向用户提供的答案准确度如何则取决于系统中所涉及的关键技术：用户的自然语言提问处理技术和问句与答案候选句的相似度计算技术。

## 一、问句处理技术

从语义规则角度出发，我们提出问句分析设计的思路：基于依存句法分析确定不同类型问句的目标词，采取模式匹配方法实现对问句的框架语义分析，完成对问句的框架语义标注。根据疑问词及框架元素的语义类型确定问句焦点与问句类型，构建问句的语义检索式。

### （一）问句的句法分析

对问句进行句法分析的目的在于提取问句的句法特征，确定问句的目标词，为基于语义框架的问句语义分析及问句焦点的确定准备条件。

#### 1. 问句的依存句法分析

我们采用哈尔滨工业大学信息检索研究室提供的免费共享的语言技术平台LTP 对问句自动进行分词和词性标注基础上的依存句法分析。以问句 Q1 "周绍海偷了谁的东西？" 为例，分析得到的结果如图 5-10 所示。

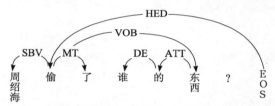

**图 5-10　问句 Q1 的句法依存分析**

图 5-10 中，词间依存关系用带箭头的弧线表示，依存弧从核心词出发，指向它的依存成分，并表明依存关系的类型。例如，本句中的 SBV 表示词 "周绍海" 与核心词 "偷" 之间是主谓关系。其中，MT 表示语态结构，VOB 表示动宾关系，HED 表示句子的核心词，ATT 表示定中关系，DE 表示 "的" 字依存。句法分析的结果在系统中以五元数组的形式存储：〈word id, cont, pos, parent, relate〉。word id 标记该词在句中位置（从 0 开始计）；cont 是句中具体的词；pos 代表词性；parent 是该词的上位结点词的位置；relate 是依存关系类型。例如，图 5-10 中第一个依存弧用数组表示为

〈word id="0" cont="周绍海" pos="nh" parent="1" relate="SBV" 〉
〈word id="1" cont="偷" pos="v" parent="-1" relate="HED" 〉

句子中的这种由包括核心词在内的各语块的短语类型、语法功能按照语块在句中的位置顺序组成的信息序列即该句的句法特征信息，也称为目标词的句法配价信息。

## 2. 问句中目标词元的确定

目标词元在句中激活一个语义场景，它是句子的语义中心。因此，确定目标词实为确定句子的语义中心词。通常情况下，句子的句法中心也是句子的语义中心。在这种情况下，可以将句子的句法核心词作为语义中心词，即框架语义分析的目标词。但是，有些句子的句法中心词并不是句子的语义中心词，"是"字句就属于此情形。例如，问句"偷汽车的小偷是谁？"和"谁是偷汽车的小偷？"的句法核心词是"是"。两个问句很显然在语义上表示的是一个"盗窃"事件场景，而不是句法核心词所表示的某种"等同关系"场景。因此，我们需要考虑这些特殊情况。通过综合考察语料，结合作者的语言学知识，我们选择句子语义中心词的规则如下。

规则 1：如果问句的词语与 EOS 具有"HED"关系，则将其作为句子核心词。

规则 2：如果句子的核心词不是"为"、"是"等词，则将其作为句子的语义中心词。

规则 3：如果核心词等于"为"、"是"等词，则按规则 4 处理。

规则 4：如果句中还有另一个动词，则以该动词为句子的语义中心词；否则，按规则 5 处理。

规则 5：如果疑问词处于"是"字句的末尾，则将与该疑问词距离最近的名词作为句子的语义中心词；如果疑问词后为动词，如"是、为"等，则将该句子最后出现的名词作为句子的语义中心词。

## 3. 问句句法配价信息的提取

LTP 对句子进行句法依存分析的粒度为单个的词，而我们在信息资源的语义标注过程中以短语为单位对句子进行框架语义分析。只考虑句法依存树中以语义中心词为父结点的各句子成分与其下位节点词一起作为一个语块与语义中心词的句法依存关系。按照这一粒度，需根据句中的词在依存树中的位置及词间的依存关系类型进行词汇捆绑，将句子划分为一个个语块。提取语块的短语类型及与中心词的依存关系类型，构成问句的句法配价信息。具体操作方法如下。

（1）以所选定的语义中心词为父结点（parent），提取其与所有子结点间的依存关系类型。

（2）滤掉与父结点间依存关系类型为 MT（语态关系）的子结点，将其他子结点词按照在句中的先后位置排成一个序列。

（3）遍历语义中心词的子结点，将子结点的所有下位结点对应的词语按照它们在句中的位置顺序与子结点词捆绑。捆绑后形成的语块作为一个整体充当中心词的子结点，它的短语类型与原子结点词的短语类型（词性）相同。

以问句"周绍海偷了谁的东西?"为例,由上面规则可知句子的语义中心词是动词"偷",作为父结点,与其有依存关系的词"周绍海"、"了"、"东西"分别作为子结点,读取并记录子结点的词性和语义关系类型。由于词"了"与父结点之间的句法依存关系类型为 MT,在句中无实际意义,所以滤掉该词以减少语义分析噪声。读取子结点"东西",发现该结点还有下位结点"的","的"结点还有下位结点"谁",按次序捆绑为语块"谁的东西",短语类型同原子结点一致,提取结果为

〈word id="0" cont="周绍海" pos="nh" parent="1" relate="SBV" /〉
〈word id="1" cont="偷" pos="v" parent="-1" relate="HED" /〉
〈word id="3 4 5" cont="谁的东西" pos="n" parent="1" relate=" VOB " /〉

将相应的符号转换为与语料标注符号系统相统一的格式,构成问句的句法配价信息: np/sub+〈tgt〉+np/obj。

(二) 问句的框架语义分析

问句语义分析的实质是对问句进行语义表征。在本系统中就是要对问句实现基于框架的语义标注。标注过程基于这样一种假设:对两个句子,如果目标词激活相同的语义框架,且目标词具有相同句法依存结构,那么这两条句子具有相同的语义配价模式 (Dan and Mirella, 2007)。这是因为,如前所述,词的行为,尤其是对其论元的表达和理解,在很大程度上是由词的语义决定的。因此选择通过问句的句法配价信息与语料库中例句的句法配价信息的匹配来实现对问句的框架语义标注,具体步骤如下。

(1) 在框架元素的句法实现方式信息表中查找与问句的句法配价信息相匹配的记录,得到该框架元素句法实现方式对应的语义配价信息的 ID。

(2) 在语义配价信息表中获取所得 ID 的语义配价信息,将它赋予问句中相应的语块,即对问句中的各语块标注框架语义。

例如,提问"周绍海偷了谁的东西?",核心词"偷"作为目标词激活了"盗窃"框架。读取该问句的句法配价信息"np/sub+〈tgt〉+np/obj",与框架元素的句法实现方式信息表中盗窃框架下词元"偷"的句法配价信息比较,找出与之匹配的框架元素实现方式对应的语义配价信息"Perp+tgt+Good",将它赋予该句中相应的语块后得到句子的语义标注结果,如图 5-11 所示。

周绍海　偷　谁的东西
Perp　tgt　Good

**图 5-11　问句的语义标注**

对内部存在"的"字依存关系的短语,我们还需要考虑具体语义框架中框架

元素之间在句法和语义上可能存在的关系。本例中，动词的宾语成分由三个词汇"谁"、"的"、"东西"组成，两个名词之间是"的"字依存关系。在"盗窃"框架中，框架元素"受害者"和"物品"之间通常是所属关系，它们通常在句法上表现为"的"关系，表示在盗窃事件发生之前，受害者"拥有"物品，或者"物品"属于"受害者"的财产。因此，我们对问句的语义分析结果需要作进一步补充，将在句中包含相应的词汇但没有标出的框架元素作为"有形缺省"（Dni）表示出来。如图 5-12 所示，在句末标出句中缺省的框架元素及其缺省类型。

周绍海　偷　谁的东西　（谁）
Perp　tgt　Good　Victim　Dni

**图 5-12　问句的框架语义分析结果**

一个词可能同时激活多个语义框架，表达不同的含义。例如，动词"有"可激活"拥有"和"存在"两个框架。因此，语义框架的选择对后继的语义标注工作有很大的影响，语义框架选择的错误必将导致语义分析结果的错误。在问句分析阶段，我们将语义中心词可能激活的所有框架作为用户检索问句的主题提供给用户，请用户从中选择自己的查询主题。

（三）问句焦点的确定

问句的焦点即问句关注的答案。疑问词是确定问句焦点的主要依据。一般情况下，通过专有疑问词（如谁、哪儿、何时等）可以直接确定问题的焦点；对一些通用疑问词（如什么，哪个等），则需要凭借疑问词的附属成分来确定问题的焦点。我们对部分疑问词及其附属成分从句法角度作了捆绑或过滤处理，所以，对问句焦点的确定不仅要基于所构建的疑问词表，而且要依据问句的句法、语义分析结果。确定问句焦点的规则如下。

规则1：如果语义分析结果中充当框架元素的短语包含疑问词，那么该框架元素就是问句的焦点。

规则2：如果语义分析结果中充当框架元素的短语不包含疑问词，则该问句的焦点是语法功能为"head"短语所表示的框架元素。例如"他偷的东西"，该片断所在问句的焦点为"东西"所充当的框架元素"物品"。

规则3：如果语义分析结果中充当框架元素的短语不包含疑问词，且句中没有句法功能为"head"的短语，那么问句的焦点为其目标词在框架中所充当的框架元素。例如，"谁是汽车小偷？"对该句提取句法依存分析后，句子的语义中心词为"小偷"，该名词在句中作为目标词激活"盗窃"框架，同时它本身还充当"盗窃"框架的框架元素"犯罪者"。

根据上述规则，句子"周绍海偷了谁的东西？"的问句焦点为语块"谁"在框架中充当的语义角色"受害者"。因此，用户提问要查找的是"犯罪者周绍海偷东西"这一事件中的"受害者"。

## 二、句子相似度计算

信息检索模块从收集到的大量文档集合中，找到与给定的查询请求相关的恰当数目的文档提交给答案抽取模块。对检索结果的筛选并不是一个精确的匹配过程，而是一个相似的匹配过程，具有一定的模糊值，需要用相似度值来度量查询与文档集中某个文档之间的相似程度（宋俊峰和李国微，2003）。我们以用户的自然语言提问为语义检索系统的检索入口，需要衡量信息资源中答案候选句与问句的相似度，提取与问句相似度最大的句子，采用适当的格式向用户提交准确答案。

句子相似度的衡量机制与对句子的分析深度密切相关。从对句子的分析深度来看，目前句子的相似度计算方法主要存在两种。一是基于向量空间模型的方法。该方法把句子看成词的线性序列，不对语句进行语法结构分析，相应的语句相似度衡量机制只能利用句子的表层信息，即组成句子中词的词性、位置、词频等信息。由于不加任何结构分析，该方法在计算语句之间的相似度时不能考虑句子整体结构的相似性。二是基于句法语义分析的方法。这是一种深层结构分析法，对被比较的两个句子进行深层的句法分析和语义分析，找出句子的组成词汇信息及语义结构信息。本文讨论的是封闭式信息检索系统中问句与检索文本中句子的相似度，由于汉语句子的表达形式是多种多样的，我们的重点在于考察问句与检索资源中的句子在语义上的相似度，所提出的基于汉语框架网络本体的句子相似度计算方法属于第二种。

### （一）基于汉语框架网络本体的句子相似度计算思路

我们采用基于概念图匹配的方法计算汉语框架网络检索子系统中用户自然语言问句与答案候选句的语义相似度。

#### 1. 概念图及概念图匹配

概念图是一个由一些结点和弧线组成的层次结构，其中结点用来表示概念，对应于本体中的类、属性或者实例等；而弧线则表示两个概念之间的关系，对应本体中的关系。

概念图的匹配不是概念图的完全匹配，而是概念图间的相似度计算。文献（Zhu et al.，2002）阐述了通过 WorldNet 中两个概念的语义距离得到类之间的语义相似度，然后将各个结点和关系的相似度按权值累加得出两个 RDF 图之间的相似度。文献（Zhong et al.，2002）也用到了该方法来计算两个概念图之间的相似性。在这两篇文献中分别把本体看做一个 RDF 图和一个概念图。为了避免计算时递归陷入无限循环，规定用户指定一个查询概念图的入口结点，已有的被检索的概念图也有一个入口结点，仅仅比较在两个概念图中同等位置的概念的相似性。Poole 和 Campebell 在文献（Poole and Campbell，1995）中为概念图的匹配定义了三种相似度，即表层相似度（surface similarity）、结构相似度（structure similarity）和主题相似度（thematic similarity），表层相似度和结构相似度分别对应于待匹配的对象和关系的相似性，而主题相似度则需要同时考虑概念和关系出现的特定模式。

2. 基于汉语框架网络本体的句子语义结构

我们所定义的语义结构是指利用本体知识对本地库中或网络上的文本、句子进行概念分析，采用标准化的形式对句子进行语义标注后形成的句子的语义逻辑结构，是对句子基于概念层面的、机器可识别的语义理解。

Fillermore 曾经这样定义框架这个概念："当使用'框架'这个术语时，我心里想到的是一个互相联系的概念体系，对这个体系中任何一个概念的理解都必须依赖对其所属的整个结构的理解。"（杨琳琳，2007）也就是说，语义框架可以是任何一个概念体系，其中的概念之间相互关联，要理解这一体系中的任何一个概念，就必须理解整个概念体系。例如，想要知道"victim"、"perpetrator"、"goods"这些概念的意义，就要知道"Theft"（盗窃）这个概念。因为这些词都是涵盖在"Theft"框架之中，是该框架的框架元素，框架与框架元素之间的关系为"hasFE"。而对"Theft"框架的进一步理解可能还会涉及"Taking（占有）"框架和"Commiting_ crime（犯罪）"框架，因为它分别是后两个框架的子框架，构成继承关系。当这样一个概念结构中的诸多概念中的一个被置入到一个文本或一次交谈中时，该概念结构中与其相关的概念都自动被激活。

例如，句子 $S_1$ "近日，被广东省中山市一家贸易公司招聘为煤场铲车司机兼看守的一名保安人员周绍海因与他人合伙盗煤被中山市中级人民法院以职务侵占罪判处有期徒刑一年六个月。"的目标动词"盗"激活框架 Theft，相应地，句中的语块"被广东省中山市一家贸易公司招聘为煤场铲车司机兼看守的一名保安人员周绍海"、"煤"和"与他人合伙"激活了该框架中的框架元素 Perpetrator、Means 和 Goods。数据库中，语块与框架元素以及目标词与框架之间的激活与被激活的关系被定义为填槽或唤醒关系（Fillerof/evokes），每个语块与句子之间是从属关系（Subsumes）。当"盗窃"框架的概念结构被置于句子 $S_1$ 中，该框架中的相关概念都自动被激活，图 5-13 是 $S_1$ 基于"盗窃"框架的语义结构图。

同时，框架 Theft 与 Taking、Committing_ crime 及其框架元素之间通过继承关系构成一个概念层级结构。图 5-14 是它们的关系结构图。

通过分析概念图及句子的语义结构，我们发现，可以将句子的语义结构视做

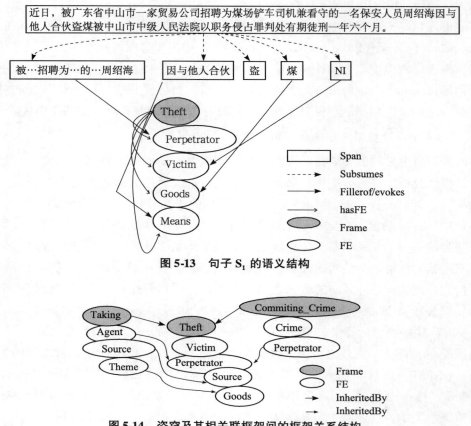

图 5-13　句子 $S_1$ 的语义结构

图 5-14　盗窃及其相关联框架间的框架关系结构

一个由表示框架、框架元素、语块的结点和表示关系（框架关系，框架元素关系及它们与语块之间关系）的弧线组成的概念图。对句子的语义理解是就对其框架语义结构的认识，句子间的相似性问题就转化为其框架语义结构的匹配问题，而框架语义结构的匹配问题又被视为概念图的匹配问题。

3. 系统中句子相似度计算设计思路

沿用上述研究的结论，结合所构建的汉语框架网络本体的特点，将问句的框架语义结构图与信息资源中句子的框架语义结构图视做概念图（为叙述方便，前者称为查询概念图（CGQ），后者称为资源概念图（CGR））进行语义相似度计算。计算过程中，把 CGQ 与 CGR 的语义相似度分为框架概念相似度、框架元素概念相似度和语块相似度三部分来考量。具体设计思路如下。

（1）以 CGQ 中的根结点，即框架概念结点（QFR）为检索入口结点，与 CGR 中的根结点（RFR）相比较，依据两框架概念在框架网络本体结构体系的位置及关系，计算两图中框架概念结点的相似度。

（2）读取 CGQ 中的次级结点即框架元素概念结点（$QFE_i$），遍历 CGR 中的相应层次的结点（RFE），计算它们两两之间的相似度，选择与 $QFE_i$ 相似度值最大的 $RFE_j$ 作为与之匹配的框架元素概念结点。

（3）计算相匹配的框架元素结点所对应的语块之间的相似度。

（4）综合上述结果，计算两概念图之间的相似度大小并排序。

## （二）基于汉语框架网络本体的句子相似度计算模型

### 1. 框架概念相似度

两个概念之间的距离可以通过它们在概念层次中的相对位置来决定。一般来说，概念之间的相似度取 0 到 1 之间的值，0 表示相似度最小，1 表示最大。给定概念 $c_1$、$c_2$ 之间的概念相关性为

$$\text{sim}(c_1,\ c_2) = 1 - \text{dc}(c_1,\ c_2) \tag{5-1}$$

在本体结构体系中，不同层次概念之间抽象跨度不均匀，各概念层次中的每个结点都有一个计算距离用的值，称为"里程碑"（milestone）。它的计算公式为

$$\text{milestone}(n) = \frac{½}{k^{l(n)}} \tag{5-2}$$

通常设 $k=2$，$l(n)$ 代表结点到根结点的距离（其中根结点 $l(\text{root}) = 0$）。这样，

$$\begin{cases} \text{dc}(c_1,c_2) = \text{dc}(c_1,ccp) + \text{dc}(c_2,ccp) \\ \text{dc}(c,ccp) = \text{milestone}(ccp) - \text{milestone}(c) \end{cases} \tag{5-3}$$

式中，ccp 代表 $c_1$、$c_2$ 两者最接近的共同父结点。该计算模型源于这样一种设计思想：较高层次概念之间的相异程度要大于较低层次概念之间的相异程度；同时，兄弟概念（直接继承于同一个父类的概念）之间的相异程度要大于父子概念之间的相异程度。

在实际的语义检索应用中，要评估的是资源图符合查询图的程度，而不是查询图符合资源图的程度。因此，在考察概念的匹配时，需要特别考虑两个概念间为继承关系的情形。设概念 $c_1$ 是概念 $c_2$ 的父类，若 $c_1$ 来自查询图，$c_2$ 来自资源图，那么因为 $c_2$ is-a $c_1$，所以应该认为完全符合匹配的条件，相似度为 1；反之，若 $c_2$ 来自查询图，$c_1$ 来自资源图，那么因为 $c_1$ 中可能包含非 $c_2$ 的子类，所以不能认为一定匹配 $c_2$，故此时应通过语义距离计算相似度。

框架概念之间的相似度也通过两个框架概念在框架网络本体中相应位置间的距离来计算。考虑到现有的资源条件及效率，系统目前只处理到 CGQ 与 CGR 中的框架概念在框架网络本体中位置相同或构成直接父子关系的情形，即 CGQ 与

CGR 的人口概念相同或是相互间是具有继承关系的父框架或子框架。

当 QFR 与 RFR 相同或 QFR 为 RFR 的父框架时，它们的相似度为 1；当 RFR 为 QFR 的父框架时，它们的相似度根据它们在本体概念层次中的位置计算；当 QFR 与 RFR 不相同且它们在框架网络本体库中没有直接的相关关系时，我们即认为这两个框架概念之间没有"共同父结点"，它们的相似度为 0。

综上所述，来自查询图的概念框架 QFR 与来自资源图的概念框架 RFR 之间的相似度定义为

$$\mathrm{sim(QFR, RFR)} = \begin{cases} 1 & (\mathrm{RFR\ is\text{-}a\ QFR}) \\ 1 - d(\mathrm{QFR, RFR}) & (\mathrm{QFR\ is\text{-}a\ RFR}) \\ 0 & (\mathrm{No\ Relation}) \end{cases} \tag{5-4}$$

**2. 框架元素概念相似度**

当查询图中的概念框架 QFR 与资源图中的概念框架 RFR 的相似度不为 0 时，进一步分析两图中框架元素概念结点之间的相似性。读取查询资源图中的框架元素概念结点 $\mathrm{QFE}_i$，遍历资源图中的框架元素概念结点 RFE，两两计算它们之间的相似度，直到比完为止。在每个递归过程中，选择资源图中与查询图中框架元素概念 $\mathrm{QFE}_i$ 相似度最大的框架元素概念 $\mathrm{RFE}_j$ 作为与其相匹配的框架元素结点。在汉语框架网络知识库中，每个框架元素都有唯一的标识符。相互关联框架所对应的框架元素之间构成映射，在具体的文本中，这些框架元素之间被定义为同一关系（iendtity）。因此，语义角色之间的相似度只有两个取值：0 和 1。当两个框架元素 ID 相等或二者为同一关系时，相似度为 1，否则为 0。

**3. 语块相似度**

概念图语义匹配的最终目的是在文本中检索出符合用户查询要求的句子。因此，概念图匹配的最后一步必须落脚到具体句子中作为概念图中框架元素概念结点实例的语块，即进行框架语义结构中框架元素实例的匹配。得到资源图中与查询图相匹配的框架元素概念结点之后，进一步计算对应框架元素实例之间的相似度。由于已经计算了问句及答案候选句中被句子的目标词激活的相应框架概念间的相似度，所以在计算语块的相似度时，这里的语块不包括图 4-4 中所示的激活（evokes）语义框架的目标词。

一个完整的汉语句子是由句子的关键成分和修饰成分所构成，而人们往往从关键成分就可以了解一个句子的大概意思。由于汉语表达形式的多样性，相同的关键成分可用不同的修饰成分来修饰，如果强调修饰成分，这无疑会给句子间相似度的计算增加噪音。因此，进行语块的相似度计算时，需选择每个语块中的核心词汇或有效词汇，其所定义语块的核心词汇为名词、动词、形容词及限定性副

词，它们由分词后的词性标记决定。语块的相似度分为词形相似度和词义相似度两个部分。

（1）词形相似度。词形相似度分析词的表层相似性，计算公式为

$$s(\mathrm{Span1},\mathrm{Span2})=\frac{\mathrm{Span1}\cap\mathrm{Span2}}{\max(\mathrm{Span1},\mathrm{Span2})} \tag{5-5}$$

式中，$s(\mathrm{Span1},\mathrm{Span2})$ 表示两个语块之间的词形相似度。Span1 和 Span2 分别表示两个语块中所包含的核心词汇的集合，$\mathrm{Span1}\cap\mathrm{Span2}$ 表示两个词汇集合中包含的相同核心词汇的数目，$\max(\mathrm{Span1},\mathrm{Span2})$ 表示 Span1 和 Span2 中包含的核心词汇数目的最大值。

（2）词义相似度。对 Span1 和 Span2 中词形不同的词汇，我们需要考虑这些词汇在具体的上下文中的确切含义，判断它们是否具有相同的义原以计算它们之间的语义相似度。我们仍采用哈尔滨工业大学 LTP 的语义消歧系统。目前该系统在开放测试下准确率能够达到 91.89%，封闭测试准确率能够达到 98.67%（李彬等，2003）。该系统能够对经过分词和词性标注后的句子进行语义消歧，并在每个词后面标注上相应的语义号。例如，对句子"我的书被人偷了。"和"谁偷了我的课本？"经过语义消歧后变为"我/Aa02　的/Kd01　书/Dk20　被/Kb05　人/Aa01偷/Hn03　了/Kd05　。/-1　"和"谁/Aa06　偷/Hn03　我/Aa02　的/Kd01课本/Dk20　？/-1"。每个语义号都对应知网中的一个义原，-1 表示在知网中找不到这个词或者这个词是没有价值的语义信息（如标点符号）。对问句和答案候选句执行"语义消歧"并识别句中词汇所对应的语义号后，通过比较语块中核心词汇的语义号可计算语块的语义相似度。计算公式如下

$$s'(\mathrm{Span1},\mathrm{Span2})=\frac{\mathrm{Span1}'\cap\mathrm{Span2}'}{\max(\mathrm{Span1}',\mathrm{Span2}')} \tag{5-6}$$

类似地，$s'(\mathrm{Span1},\mathrm{Span2})$ 表示两个语块之间的语义相似性，Span1′和 Span2′分别表示两个语块中所包含的核心语义的集合。$\mathrm{Span1}'\cap\mathrm{Span2}'$ 表示两个语义集合中共同包含的核心词汇语义数目，$\max(\mathrm{Span1}',\mathrm{Span2}')$ 表示 Span1′和 Span2′中包含词汇数目的最大值。

由于基于词形和基于语义的相似度计算方法各有优点，所以，我们综合式（5-5）和式（5-6），用下面的公式计算语块的相似度：

$$\mathrm{sim}(\mathrm{Span1},\mathrm{Span2})=\lambda s(\mathrm{Span1},\mathrm{Span2})+(1-\lambda)s'(\mathrm{Span1}',\mathrm{Span2}') \tag{5-7}$$

式中，$\lambda=0.5$。

考虑问句焦点的特殊情况，我们规定：不论查询概念图中代表问句焦点的框架元素对应的语块与资源概念图中相应框架元素的语块间是否有词形或词义相同的核心词，它们的相似度为 0。

### 4. 查询概念图与资源概念图的相似度

基于上面框架概念相似度、框架元素相似度以及语块相似度的计算，查询概念图与资源概念图的相似度计算公式如下：

$$\text{sim}(\text{CGQ},\text{CGR}) = \text{sim}(\text{QFR},\text{RFR})\frac{1}{n-1}$$

$$\sum_{i=1}^{n} \left[ \max\{\text{sim}(\text{QFE}_i,\text{RFE}_j)\} \text{sim}(\text{QSpan}_i,\text{RSpan}_j) \right] \quad (5\text{-}8)$$

式中，$\text{sim}(\text{CGQ},\text{CGR})$ 是分别代表问句的框架语义结构和信息资源中答案候选句的框架语义结构的查询概念图与资源概念图的相似度。$\text{sim}(\text{QFR},\text{RFR})$ 是查询图与资源图中框架概念结点的相似度。$n$ 是查询概念图中包含的框架元素概念结点数。$\text{sim}(\text{QFE}_i,\text{RFE}_j)$ 表示查询概念图中第 $i$ 框架元素概念结点与资源图中各框架元素概念结点之间的相似度。选择资源概念图中与 $\text{QFE}_i$ 相似度最大那个框架元素概念 $\text{RFE}_j$ 作为相匹配的框架元素，进一步计算两个相匹配的框架元素结点对应的语块间的相似度。对查询图和资源图中匹配的框架元素的语块相似度求和后除以查询图中框架元素概念结点的总数，所得结果与两图中框架概念相似度的乘积即是查询概念图与资源概念图之间的相似度或语义相关度。

答案抽取模块在计算出问句与答案候选句之间的语义相似度之后，按照相关度大小对答案候选句排序，结合问句的焦点信息，从与问句的相似度最大的句子中抽取准确答案，以适当的形式返回提交给用户。

# 第四节  基于汉语框架网络本体的语义检索实验系统

根据框架网络本体语义检索统的检索方案，采用所描述的关键技术，我们实现了一个向用户提供自然语言接口的语义检索实验系统 LawOntoSearch。

## 一、LawOntoSearch 的开发环境

LawOntoSearch 是用 Delphi7.0 开发的运行在 Windows XP 上的应用程序。它所使用的硬件系统是：CPU Pentium M 1.736，内存 DDR II 1.126。后台数据库采用 SQL Server 2000。开发过程中，调用了哈尔滨工业大学信息检索研究室的语言技术平台 LTP 的句法依存分析系统及词义消歧系统。

## 二、LawOntoSearch 的系统功能结构

LawOntoSearch 的实现主要包括三个主要部分：问题分析、信息检索和答案抽

取，如图 5-15 所示。

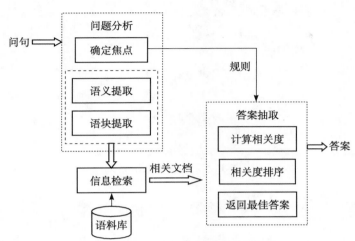

**图 5-15　LawOntoSearch 的功能结构**

问句分析过程确定问句焦点，提取问句的语义信息及对应语块；信息检索过程是对语料库进行检索，获取相关文档；答案抽取则是对答案候选句进行相关度计算并排序，从与问句最相关的句子中抽取答案提交给用户。

### 三、LawOntoSearch 信息检索流程

本实验系统的开发目的在于探索和研究基于本体的语义检索技术及其应用，作者将本系统的查询过程进行分解，从而可以全面了解基于本体的语义查询的过程和机理。

（1）首先是用户的查询入口如图 5-16 所示，它允许用户以自然语言问句向系统提交查询请求。

（2）输入问句，点击"提问"，系统在 LTP 依存分析结果的基础上实现对句子的句法分析如图 5-17 所示，确定目标词。

（3）通过词元库确定目标词所激活的语义框架，向用户显示其检索主题，如图 5-18 所示。其作用是当目标词元激活多个框架时与用户交互，帮助确定目标语义框架。

（4）用户确认主题后，系统对问句进行基于框架的语义分析。明确问句中各语块的语义，确定问句的焦点，如图 5-19 所示。

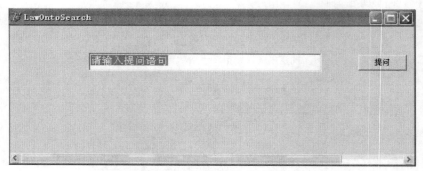

图 5-16　用户查询入口界面

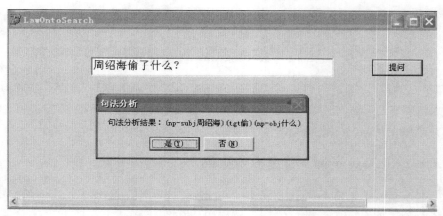

图 5-17　问句分析界面

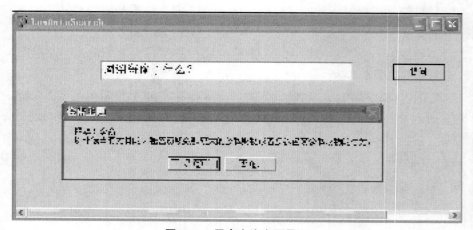

图 5-18　用户查询主题界面

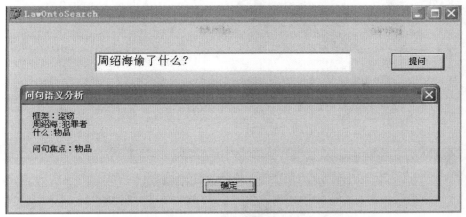

**图 5-19　查询问句语义分析结果**

（5）点击"确定"之后，检索模块从语料库中提取出答案候选句，提交给答案抽取模块，如图 5-20 所示。

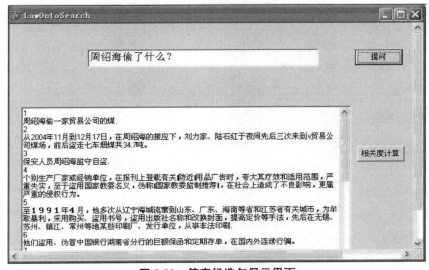

**图 5-20　答案候选句显示界面**

（6）答案抽取模块对检索结果进行"相关度计算"并排序，运行结果如图 5-21所示。

（7）最后，依据问句的焦点从与问句相关度最大的句子中抽取最佳答案提交给用户，如图 5-22 所示。

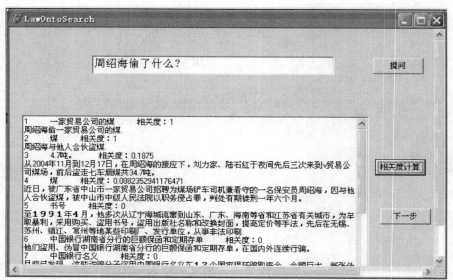

图 5-21 答案候选句与问句的相关度计算结果

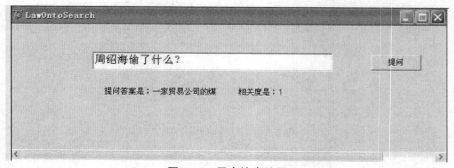

图 5-22 用户检索结果

# 第六章　本体的评估

本体的评估意义在于提高本体构建效率，实现本体的重用及共享。其既为本体设计及构建者服务，又为本体的使用者提供选择参考。我们围绕其所提出本体评估的研究内容，基于本体的生命周期提出了一套本体构建的评估指标体系，并利用构建的评估工具对该体系进行了有效性测试。

## 第一节　国外先进的评估工具

当前许多研究者基于各种评估方法设计了多种类型的评估工具，我们选用了四个在国际范围应用广泛的、具备发展前景的本体评估工具——ODEval、OntoQA（与之类似的有 AKTiveRank、OntoCat）、Core、OntoManager 进行比较分析，为用户的选择及使用提供参考。

### 一、本体评估的意义

如果本体要广泛应用到语义 Web 中，本体的评估是一个非常重要的问题。面对大量的本体，用户需要评价及选择哪个是最适应自己的本体，同时人们在构建本体过程中，需要一个有效的方式评估结果本体，并指导其构建过程及修正步骤，自动或半自动化的本体学习技术要求有效的评估措施，用以选择最好的本体，以调查相应的学习算法参数，指导本体的学习过程。评估方法的选择依赖于本体的类型及应用目标。目前国内外比较知名的本体知识系统主要有 WordNet、FrameNet、VerbNet、GUM、SENSUS、Mikrokosmos、Ontoseek、Cyc、HowNet（李景，2005）。

1. 本体构建及应用存在的问题

即使是比较知名的本体系统，其在构建中仍存在以下几方面的问题。

（1）本体构建规划阶段存在的问题。多数本体系统建设理念和目标不够明确；缺乏成熟的流程、方法和标准规范的指导；构建本体的人员配置情况不够合理，在构造特定领域本体的过程中需要该领域专家的参与；原材料的获取（流程设计、网页整理、文本语料库的挖掘及对参考本体的资料获取）不够全面；参考本体的选择不得当。

（2）本体的构建过程阶段存在的问题。目前本体构建处于一种各自为政的状态，造成资源大量的重复建设；本体的重用与共享程度低；本体研发多侧重于技术层面，与实际应用相脱节；本体的形式化程度不够，目前的很多本体仍处于非形式化阶段，只是为领域提供一种自然语言的描述；本体概念的构建不完整，没有结构化的概念体系；研究本体构建的技术体系与研究检索的技术体系之间存在脱节问题，使得本体对检索系统的嵌入（登录）成为难点，这还导致了本体工程的生命周期不能顺利进行；最新的本体表示语言 OWL 虽然提供了一定的对本体演化和维护的支持，但它仍然很不完善，需要很多的研究者来关注这一本体论的研究方向。

（3）本体应用阶段的局限性。本体在实际工程中的应用并不多见。很多研究者把本体论方法作为一种领域知识表示的手段，但是这种知识表示在应用中是否能够起到事半功倍的作用，并没有得到太多人的关注。例如，CYC 曾被喻为人工智能的"曼哈顿计划"，也曾号称是一项具有潜在的巨大应用和理论价值的研究，迄今为止，我们都没有见到 CYC 常识知识库在自然语言处理中应用的报道。再如 Pangu，它虽然在自然语言处理中得到了应用，但是因为本体常识知识库太小，无法解决自然语言处理中的实际问题。

（4）本体评价和维护方法的缺乏。一些在国际上非常著名的本体系统，如 WordNet 等，无论是在本体的规划阶段还是构建和应用阶段都缺乏一套完整的本体评价和维护方法来进行有效的本体管理、评价和维护。

以上种种问题都说明对本体论的研究和应用总体上还处于不成熟的初级阶段，应用研究还相对滞后，需要研究者们付诸更多的努力。

2. 本体评估意义

随着本体在语义 Web 中的广泛应用，越来越多的本体被研究者设计开发，本体的质量评估开始提到日程。评估的意义包含以下三个方面。

（1）规范本体建设，提高本体质量。尽管许多本体的构建有专家参与，但在对概念的提取及概念关系的架构中，仍然存在着主观性、任意性问题，而在本体的描述过程中更注重准确性、完整性、严格性，因此确定一定的评估行为及评估方法，可以限制约束本体构建者的行为，有效地指导本体开发过程，对构建好的本体进行有效的管理、评价和维护。

（2）有效地帮助用户识别选择本体。面对众多的本体，用户需要选择适合自己需求的本体，因此更需要有一个好的评估方法及评估工具指导他们选择最适合他们的本体，从而减少识别选择的盲目性。

（3）提高本体的应用水平，实现本体的重用与共享。本体构建的目的在于更好地应用，但当前所构建的本体的应用水平及应用范围，由于缺乏有效的评估措施而无法被开发者及应用者了解。本体的构建是一项费时费力的工作，而本体重用及共享恰可以有效地提高构建效率。但如何选择适合的本体也成为一个难点，通过本体评估工具来选择合适的本体，可以大大提高共享程度。

## 二、本体评估方法

本体评估的核心是评估角度的全面化，即以多维视角的评价内容和结果来综合衡量本体的动态发展情况。当前研究者从不同角度提出各种类型的本体评估方法，如比较典型的 OntoMetric、oQual、OntoClean 等，他们可以实现对不同类型本体以及本体生命周期不同阶段的评估。综合各类方法，Janez 等把本体评估方法分为以下四类（Janez et al.，2005）。

（1）基于"黄金标准"的方法，即将所构建的本体与一个现有的公认的比较成熟的"黄金标准"进行比较，罗列出其不足并进行改进。

（2）基于本体的应用的方法，即在一个特定应用环境，如语义 Web、信息抽取、信息检索中，测试一组本体以确定适合该应用的本体。

（3）基于语料库的方法，即使用某种术语抽取算法从语料库中抽出术语，计算被本体覆盖的术语数量，或者是用一个向量来表示本体和语料库，然后计算本体向量与语料向量之间的差距。

（4）基于一套预先定义好的原则和必要条件等进行评估的方法，多是从构建本体的原则来评估本体。

## 三、国外评估工具的比较分析

随着越来越多本体评估方法的提出，创建能够运用这些方法从而更易于开展评估工作的本体评估工具就显得越来越重要。本体评估工具或系统都是根据以上本体评估方法并基于本体的不同侧面来进行评估的。我们选用了四个在国际范围应用广泛的、具备发展前景的本体评估工具：ODEval、OntoQA（与之相类似的有 AKTiveRank、OntoCat）、Core、OntoManager。这些工具的创建都使用了上述一种或几种方法。它们用于检测本体构建规划、本体构建过程、本体应用以及本体维护等阶段出现的问题或错误，包括本体句法层面的正确与否、本体设计结构上的合适与否以及本体相对于领域知识表示完整与否等，此外，评估工具还作用于本体的完善及重用，以及规范化本体建设。

## (一) 国外现有本体评估工具

### 1. ODEval

ODEval 是 Corcho 等于 2004 年提出的，从知识表示角度评估用 RDF（S）、DAML+OIL 和 OWL 语言表示的本体的本体评估工具（Oscar et al.，2004）。它可以通过自动检测程序检测出在创建本体的过程中出现的本体概念分类的不一致和冗余。

ODEval 通过使用基于图理论的运算法则来检测本体的概念分类可能存在的问题。在这个运算法则中，把本体的概念类看做一个定向的曲线图 $G（V，A）$，其中 $V$ 是一组节点（结点或顶点），$A$ 是一组定向的弧线。节点集 $V$ 和弧线集 $A$ 所表示的具体元素因表示本体语言（RDF（S）、DAML+OIL、OWL）和问题类型的不同而有所差异。表 6-1 是 ODEval 在分别用 RDF（S）、DAML+OIL 和 OWL 语言表示的本体中检测错误的方法总结。

**表 6-1　ODEval 在不同语言表示的本体中检测错误的方法总结**

| 问题类型 | RDF（S） | DAML+OIL | OWL |
|---|---|---|---|
| 循环问题 | 在曲线图 $G(V,A)$ 中寻找循环 | 在曲线图 $G(V,A)$ 中寻找循环（包含混合循环和造成冗余问题的等价循环） | 在曲线图 $G(V,A)$ 中寻找循环 |
| 划分错误 | 不存在。这是因为无法用 RDF（S）语言中的词条来定义概念划分的完整与否 | 错误①：在概念划分不完整的情况下，当一个类被不完整划分为｛class_ P1，class_ P2，…，class_ Pn｝时，若在两个或多个分支中存在共同的类或实例，则划分错误发生<br>错误②：在概念划分完整的情况下，当一个元素只能从其基类中获取，而不能从其子类中获取时，划分错误发生 | 概念划分不完整的两个或多个分支中存在共同的元素，即当一个类被不完整划分为｛class_ P1，class_ P2，…，class_ Pn｝时，若在两个或多个分支中存在共同的类或实例，则划分错误发生 |
| 冗余问题 | 在曲线图 $G(V,A)$ 中，对集 $V$ 中的每个类 $A$ 和集 $A$ 中的每条弧 $r$（其原点是类 $A$），把弧 $r$ 从集 $A$ 中移除从而检测这个变化是否会影响类 $A$ 中元素内容的变化。若没有发生变化，则意味着弧 $r$ 中至少有一条是可有可无的。这样检测出冗余问题 | | |

### 2. OntoQA

OntoQA 是 Samir 等于 2005 年提出的考虑了从用户角度对本体进行评估的工具。一个本体在被构造好之后需要人工或自动、半自动化填充实例。在这个基础上，OntoQA 提供具体的指标来定量地对本体的质量进行评估。

OntoQA 把具体的评估指标（图 6-1）分为两类：模式（schema）指标和实例（instance）指标。模式指标组是指用来评估本体结构设计（丰富程度、广度、深度）的指标，包括三个具体指标；实例指标组是指评估本体内实例分布的指标，包括知识库（knowledgebase）指标和类（class）指标两类，共九个具体指标，知识库指标将知识库作为一个整体来评估，类指标评估本体结构中定义的类在知识库中的运用方式。

模式指标组
- 关联丰富度（relationship richness）：评估关系的丰富程度
- 属性丰富度（attribute richness）：评估类所包含的属性的丰富程度
- 继承关系丰富度（inheritance richness）：评估类所包含知识的广度和深度

知识库指标
- 类丰富度（class richness）：评估类之间实例的分布情况
- 实例平均度（average population）：评估是否有足够的实例
- 结合度（cohesion）：通过实例关联图评估具有共通知识的类

实例指标组

类指标
- 实例分布度（instance distribution）：通过子类实例评估类的分布重点
- 丰富度（fullness）：评估实例填充是否足够
- 层级关系丰富度（inheritance richness）：评估每个类所具有的子类的平均数
- 关联丰富度（relationship richness）：通过实例属性数量比例评估知识库运用类知识的效果
- 连通性（connectivity）：评估实例的通用性
- 可读性（readability）：评估是否有注释、标签、说明等易于读取的描述性内容

**图 6-1 Onto QA 的评估指标**

3. Core

Core（collaborative ontology reuse and evaluation system） 即协作式本体重用和评估系统，是 Fernández 等于 2006 年提出的基于本体排列的应用于本体重用和本体评估的工具。

Core 根据已选出的标准准则来评估本体，这个准则涉及黄金标准和用户需要两方面的内容。在黄金标准方面，Core 通过词汇评估层面和分类评估层面对本体进行评估。词汇评估层面使用一套词汇评估方法评估黄金标准和所选本体的相似性，通过比较表示它们所描述领域的词汇条目来实现；分类评估层面则评估所选本体的"is-a"层级结构和黄金标准结构的重叠程度。在此基础上，Core 通过由三个模块组成的体系结构来完成对相关一系列本体的评估。

（1）黄金标准技术设计模块。用户通过自然语言处理从用户感兴趣的相关文档中得出根词汇，并使用 WordNet 和它提供的同义及反义关系扩展根词汇，以此构建包含新词汇的词汇黄金标准。

（2）系统推荐模块。首先用户选择一套评估准则，然后根据这些准则将所要评估的本体与黄金标准进行比较，从而选出与黄金标准最接近的本体并按相似度排列这些本体。

（3）协作性评估模块。因为本体的某些特征（如本体的可读性、灵活性等）无法通过自动化的机器直接来进行评估，所以需要用户的参与，这个模块结合用户根据自身需要所作的评估，并考虑上述步骤的评估结果，最终排列出最适合用

户的一组本体。

（4）OntoManager。OntoManager 是 Nenad Stojanovic 等于 2002 年提出的一个适于本体工程师、领域专家及行业分析家使用的管理系统，它可以根据用户需要找出不足以促进本体的完善，并能促进管理人员问责制的发展。其主要任务是通过收集用户应用本体的交互性数据来了解用户需求，以避免通过调查问卷等繁琐方式获取数据，从而检查本体满足用户需求情况如何。

OntoManager 的实现基于概念体系结构 MAPE（monitor analyze plan execute）模型，其把管理体系机构提炼为四个功能，每一功能具有不同作用：监控功能，收集、整理并过滤用户使用本体的交互性数据；分析功能，整合所收集到的数据并使其可视化，提出本体修改建议；计划功能，规划出适用于本体修改的行动；执行功能，根据对本体做出的调整，更新本体的应用。整体来看，OntoManager 由三个模块组成：①数据整合模块，整合、收集、预处理并组织用户应用本体的行为信息数据；②可视化模块，把上述数据以易于理解的可视化形式表示出来，即通过图表、表格、条形图等方式表示出来；③分析模块，引导本体进行改变以适应用户需要，从而完成本体进化完善以及实例抓取两项任务。

（二）本体评估工具的比较分析

针对本体中存在的各种类型问题，有很多研究者致力于开发本体评估技术以及工具来协助对本体进行管理。但是，没有一个本体评估工具能成功解决本体存在的所有问题。此外，不同的本体评估工具也是从不同的视角针对不同领域的、不同类型的、用不同知识表示形式表示的本体而创建的。我们从评估方法、评估机制、使用者、作用范围、可操作性及有效性等指标来比较上述四种本体评估工具。

1. 工具所用评估方法

本体评估工具都是参照一定的评估方法来创建的，在选用评估方法上，本体评估工具会针对评价的重点及其评估视角来作相应选择。

ODEval 基于逻辑规则视角，使用基于图理论的运算法则，通过对本体表示语言中词条的检测来评估本体概念分类出现的问题。其使用了基于原则的评估方法，评估用 RDF（S）、DAML+OIL 和 OWL 语言表示的本体，尽管目前一些本体剖析器和本体平台可以用于检测这些语言表示的本体，如 ICS-FORTH Validating RDF parser、W3C RDF Validation Service、DAML Validation、OWL Validator 等，但它们只能检测出简单的循环问题，而对分割错误和冗余问题大多束手无策（Samir et al.，2005a）。因此，该工具可以较有效地评估本体内容中的不一致性、冗余性。

OntoQA、Core 都是基于指标视角的评估工具，利用指标的综合性从各个不同方面评估本体，帮助使用者更好地了解本体。OntoQA 使用了基于语料库和基于原则的综合评估方法，通过模式指标和实例指标 12 个具体指标来帮助用户分析所选本体的适用性，Core 使用了基于黄金标准和基于应用的评估方法，其根据黄金标准来评估本体并排序以供选择适用性高的本体。

OntoManager 基于本体进化视角，关注本体随时间的变化，如领域知识的变化导致的本体内容结构的变化、本体知识表示语言的相互转化所导致的格式变化等，根据这些变化来评估本体。其使用了基于用户应用的评估方法，根据用户需求，通过对使用数据的分析，帮助本体管理人员发现本体进化规律并关注本体的整个生命周期的变化来持续评估并完善本体，从而支持本体的管理和优化。

2. 工具的评估机制

ODEval 作用于本体模型创建阶段，它执行 RDF（S）、DAML+OIL 和 OWL 本体的句法评估，对本体概念进行分类，通过基于图理论的运算法则设计自动检测程序。OntoQA 将所设计的具体评估指标存储于基于 Java 语言的程序原型中，运用 Seasame RDF store 来下载本体的模式和知识库，形成 OntoQA 本体评估工具。Core 根据已选出的标准准则，使用一种自动相似度检测方法，用某个具体问题或黄金标准评估一组本体，即用户从一系列 Core 提供的对比标准中选择一个子集，而基于每种标准都可以得出一个本体排序，然后，结合用户需要并通过使用能把这些标准综合起来考虑的融合性排序技术得出最终的本体排序，这样不仅能选出最满足黄金标准的本体，也能选出用户最满意的本体。OntoManager 通过门户网站或应用来关注最终用户需求，通过跟踪用户在日志文档中应用的交互作用，收集有用的能够用于评估用户主要兴趣域的信息，通过这种信息的变化来寻找并及时反映本体领域知识所发生的变化，以此来评估并不断地完善本体，此机制可用一个"使用环"来表示，如图 6-2 所示。

**图6-2 OntoManager 进行评估的"使用环"**

3. 工具的使用者

本体评估工具的使用者包括本体开发者和最终用户。本体开发者包括本体构建者、本体管理人员等创建并管理本体的领域专家。本体开发者需要本体评估工具来完善并规范化本体，而用户需要一种工具来帮助他们完成两个任务：从大量可使用的内容相近的本体中选出最适合其需要的本体；对本体质量进行评估。以此为依据，本体评估工具既可以为本体开发者服务，也可以为需求本体知识的最终用户所使用。目前，大多数的评估方法和工具都是服务于本体开发者的，但随着本体使用范围的扩大，研究人员也开始关注最终用户对本体的评估。Sabou 等认为本体选择和本体评估是相互补充的，而且起过滤作用的本体选择是先于本体质量评估的。用户角度的本体评估工具有助于本体选择和本体评估的实施。

ODEval 和 OntoManager 的使用者是本体开发者。ODEval 适用于本体开发者在本体的创建模型阶段使用，OntoManager 适用于本体开发者在本体构建完成后本体的更新完善阶段使用。而 OntoQA 和 Core 的使用者既包括本体开发者也包括最终用户，OntoQA 是从用户视角创建的，为了更大程度地满足用户选择本体并评估本体质量的需求，与 OntoQA 相类似的本体评估工具还有 AKTiveRank、OntoCat，它们都是从用户角度来进行评估的工具。Core 的实施在自动检测方法的基础上也需要最终用户的参与，以用户评价结果为重要组成部分。

4. 工具的作用范围

Guarino 把本体类型分为顶层本体、领域本体、任务本体和应用本体。顶层本体通常表达的是常识性概念，其概念主要局限在基本的、普遍的、抽象的和哲学上的概念，如空间、时间、事件、行为等，与具体应用无关。顶层本体可能没有实例填充，而领域本体等本体在被构造好之后需要被人工填充或自动、半自动化填充实例。很多本体评估工具仅作用于本体的模式而忽略了在被填充本体的知识库中运用的知识。

ODEval 因为其使用于本体模型构建阶段，只作用于本体的模式，而 OntoQA、Core、OntoManager 既作用于本体模式，也作用于本体的知识库，这样既对本体设计本体概念体系做出了相应的合适度评估，也对本体中实例分布情况、丰富程度、实例反应领域知识情况等做出了更全面的评估。

5. 工具的可操作性及有效性

ODEval 是一种自动检测工具，易于被本体开发者掌握，从而帮助本体开发者设计出用 RDF（S）、DAML+OIL 和 OWL 语言表示的且没有知识概念分类异常的本体，但是没有最终用户使用的界面。

OntoQA、Core、OntoManager 都包含从用户角度进行评估的层面，可以确保在开发本体过程中所产生的建议反映用户的需要。OntoQA 通过指标评估使本体开发者和最终用户了解本体质量，也可使最终用户根据自身需要选择所需评估指标从而给本体排序。其操作简单，容易被用户掌握，且 OntoQA 正尝试开发可适用于 Web 的评估界面，它的适用范围会更广。

　　Core 适用于本体评估和本体重用，它有易于操作的用户界面，用户可根据自身需要对页面上的指标进行设置从而得出最符合自身需要的本体排序，其参考价值高、可操作性强。

　　OntoManager 根据用户需求，依靠对使用数据的分析帮助本体管理人员发现本体变化从而支持本体的管理和优化，它是一个易于管理人员使用的管理系统，使用之前不需要接受大量的培训。但是它很难有深入的评估，不适合最终用户使用。

　　目前本体构建的不规范造成资源有效利用率、共享程度低、与实际应用脱节等问题，而本体评估工具或系统的提出有助于本体的规范化建设。但是，本体评估系统是一个复杂的系统，诸多主客观因素的制约使得对其的评估研究十分复杂，目前没有一种评估工具可以解决本体的所有不足，不同的评估工具作用于不同形式的本体以及本体的不同侧面，所以如何提高这些评估工具协同工作的能力来构建一套科学完整的综合性评估系统，还有待今后从理论和实践上进行更深入的探讨。

# 第二节　本体评估指标体系的构建

　　基于本体建设的生命周期阶段，即本体的原模型阶段、本体的模型阶段、本体的应用阶段来构建本体评估指标体系，旨在确定一套科学、合理、全面、客观的本体评价体系，这个评价体系可用于本体建设不同阶段的评估与参考。

## 一、本体评估内容

　　评估内容的多元化是评估本体的核心，就评估内容而言，多元评估要求评估既要体现共性，更要关注各自本体的个性；既要关注结果，更要关注过程，即以多维视角的评价内容和结果，综合衡量本体的动态发展状况。本体的评估内容可概括为以下几个层面。

　　1. 本体概念层评估

　　概念是本体的最基本单元，概念表达的准确性、完整性、概括性、抽象性等对于本体的质量有着决定性的影响。

　　2. 本体结构层评估

　　本体结构层评估主要包括本体概念体系的结构化及本体表示体系的结构化。本体概念体系的结构化表现为本体概念的当前结构化的灵活状态及其未来的易于扩展性，规范化、结构化的本体表示语言为本体在不同系统之间的导入和输出提供标准的机器可读格式，利于被计算机存储、加工、利用，或在不同的系统之间进行互操作，为本体表示体系的结构化提供了前提条件。

**3. 本体语境层评估**

本体语境层表示本体之间的关联度，通常情况下，本体之间通过建立映射、互相参考引用等方法来建立概念间的语义关联，以实现本体之间概念及概念间关系的重用与共享。通过连接或引用程度不同给予不同的评估值。

**4. 本体应用层评估**

以本体的应用领域作为评估对象，涉及本体系统的存储与检索、基于语义 Web 知识层的共享和重用、基于本体的标引与语义检索、文本数据的推理研究等。相对其他层面的评估，本体的应用由于其影响相对较小且具有间接性，其评估难度较大。

## 二、本体评估指标的构建

本体从构建到应用要经历整个生命周期的三个阶段：本体的原模型阶段、本体的模型阶段和本体的应用阶段（Jens et al.，2004）。本体原模型阶段是本体构建前整体规划及原材料的预处理过程，包括构建本体的参考本体及可行性评估、流程设计、数据库设计、整理网页、挖掘文本语料库等。本体模型阶段是本体构建过程，包括概念及概念间关系的确定、本体构建的方法和工具选择与应用、本体与其他本体的映射、本体描述语言的选择与应用、本体发布之前的训练和测试。本体应用阶段是本体构建完成后的本体应用状况，主要是指对运行中本体的监测活动，包括本体应用于知识工程、信息标引与检索、语义 Web、异构信息集成、本体推理等众多领域。本体评估指标体系如图6-3所示。

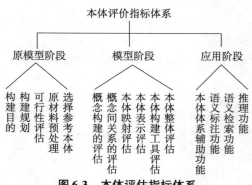

**图6-3 本体评估指标体系**

为实现对本体的整体性及动态性评估，需要对本体建设生命周期三个阶段的关键要素进行提炼，形成一套科学、合理、系统化的评估指标体系，这样既能测度本体构建水平又能评估其运行情况和发展潜力。

## （一）本体的原模型阶段

本体的原模型阶段评估的主要内容有本体的构建目的、构建规划、可行性评估、原材料预处理及选择参考本体。

### 1. 本体的构建目的

本体的构建目的如下：检测所构建的本体是否有明确的符合学科建设的发展定位；是否有明确的符合知识组织、知识服务的建设理念；是否有总体建设目标；是否有中长期发展规划；是否有实现目标的方法和措施。

### 2. 本体的构建规划

本体的构建规划如下。

（1）用户需求分析：检测是否有明确的应用需求；是否有可操作的调研计划；是否有详细的调研方案；是否有成文的调研报告；是否了解学科资源状况；是否掌握用户需求及特点；服务模式是否有明显优势；建设效益是否显著。

（2）方案设计：检测构建本体的具体内容，包括预定完成的时间，实施方法是否得当，是否有很强的可操作性，计划实现标准本体模型等。

（3）人员：主要测试构建本体的人员配置情况，要求有稳定的构建团队，人员应熟悉掌握知识组织的理论和方法，另外还应配有技术支持人员和领域专家。

（4）经费：对于构建本体的经费问题应该预先有费用成本预算和时间成本预算，费用应按预算分阶段持续投入。

（5）合作：本体构建的全过程都需要本体开发师（负责构建本体的人）、本体工程师（重用本体的人）、项目负责人、领域专家、行业分析家及应用用户的合作共建。

### 3. 可行性评估

可行性评估的目的就是用最小的代价在尽可能短的时间内确定问题是否能够解决。它并不是解决问题，而是确定问题是否值得去解决。其包括三个方面。

（1）技术可行性：使用现有的技术能实现构建目标吗？

（2）经济可行性：这个本体的经济效益能超过它的开发成本吗？

（3）操作可行性：本体应用系统的操作方式在本体的用户组织内行得通吗？

### 4. 原材料的预处理

预处理是由本体工程师在构建本体前对构建本体时需要用的原材料进行的预处理，包括流程设计、网页整理、文本语料库的挖掘及对参考本体的资料获取等。在本体工程师使用这些收集好的材料之前，还要对其质量进行评估。

5. 选择参考本体

参考本体，即本体构建所参考的其他本体质量评估，所构建本体与参照本体的相关性评价。

## （二）本体的模型阶段

本体模型阶段评估的主要内容有本体概念构建的评估、本体概念间关系的评估、本体映射评估、本体表示评估、本体构建工具评估及本体整体评估。

1. 本体概念构建的评估

本体概念来源于文本语料库和专家的参与，包括定义新概念、复用且修正参考本体中的概念等。本体概念的评估包括概念的完整性评估、概念的正确性评估、概念的共享性评估、概念的可扩充性评估及概念的抽象性评估。

（1）概念的完整性评估：本体的概念完整性表现为尽可能包括学科或领域的全部概念，尽管很难达到，但应包括学科领域的基本概念和重要概念；反映学科新概念和专用术语；体现交叉学科、边缘学科的所有概念；满足使用需求，达到最佳使用效果。

（2）概念的正确性评估：本体中的概念术语应明确、清晰、无歧义定义，一词一义，词型简练，具有稳定性。

（3）概念共享性评估：本体中术语所表达的概念知识、观点应具有普遍性，能够为整个群体所接受。

（4）概念的可扩充性评估：主要表现为在本体的发展及应用过程中应该能加入新的概念。良好的可扩充性使得本体能够随着概念的不断增加而不断完善，同时这样的本体也很容易对其进行概念的修改和删除。

（5）概念的抽象性评估：概念主要体现为基本的、普遍的、抽象的和哲学上的概念，通常顶层本体概念的抽象性更高一些，领域本体是从顶层本体的抽象概念中衍生出的具体概念。

2. 本体概念间关系的评估

概念间关系形成的概念网络体系，使各个概念之间建立起语义关联，为其在自然语言理解应用奠定了一定的基础。对本体概念间关系的评估的内容主要包括一致性检测、完整性评估、可扩展性评估及概念间关系唯一性评估。

（1）一致性检测：本体系统中概念、断言及其他各种概念间的关系，前后定义是否具有语义冲突，需进行概念间关系逻辑的一致性检测。

（2）完整性评估：概念间关系是否囊括了学科所有概念的概念间关系及概念间关系的类别是否完整。

（3）可扩展性评估：本体概念间关系应具有可扩展性，以便在本体应用或发布后进行及时的增加与修改。

（4）唯一性评估：本体概念间关系应具有唯一性，即概念与概念之间只存在一种关系。

3. 本体映射评估

一般情况下本体映射是基于概念定义的方法，即在映射时主要考虑本体中概念的名称、描述、关系、约束等。本体映射评估包含本体映射的互操作性和重用性。

（1）本体间的互操作性。主要对本体间映射时的接口进行评估。一般情况下，接口衔接率高，即需要人工进行概念扩充与整合的接口比较少，说明两者的互操作性强。

（2）重用性。重用的内容包含两个本体的概念、概念关系、属性限制等，通常重用率越高，映射的效果越佳。

4. 本体表示评估

本体开发中，本体表示对概念及概念之间的关系进行明确定义，选择合适且适用的本体语言，如 DL、RDF、RDFS、Ontolingua、OKB、Loom、DAML，DAML+OIL、CycL、OWL 等进行形式化描述。评估内容包含以下方面。

（1）语言规范性，即所选择的本体表示语言对本体知识的主要元素、概念、分类体系、关系与函数、实例、公理、产生式规则进行定义时，其语言结构是否规范，语言的推理机制是否合理。

（2）逻辑错误检查，即是否有逻辑错误的检查能力及检查结果如何。

（3）语言错误检查，即是否有语言错误的检查能力及检查结果如何。

（4）语言的适用性，即所选择的本体表示语言是否适用于表示目标本体，它对知识主要元素的定义能力如何。

5. 本体构建工具

目前较为成熟、知名度较高且常用的本体构建工具主要有 DAMLImp（API）、KAON、OilEd、OntoEdit、OpenCyc Server、Protege-2000、RDFAuthor 和 WebOnto 等。判断一种工具性能如何，主要是判断其是否具有较高的使用效率和是否便于用户使用。

（1）可视化程度，即本体构建工具是否提供可视化的本体表达视图，提供的用户界面是否便捷满意。

（2）共享性，即本体构建工具是否可供用户免费使用、下载或在线使用；提供免费软件下载的官方网站是否有多种语种的版本。

（3）适用性，即本体构建工具是否支持 Unicode 字符集；工具在使用时其输入和输出格式是否支持 XML 或其语法是否基于本体标记语言 XML，以及 W3C、ISO 或 IEEE 等国际组织的相关推荐标准。

### 6. 本体整体评估

本体整体评估主要对本体的构建过程作整体全面的评价。

（1）开放性，有助于促进本体与其他本体信息的共享及互操作性。完全开放意味着本体可以被自由使用或者扩展，而不加任何限制。一定程度的开放意味着本体提供者要求本体使用者遵循一定的使用条款及许可条件，实现部分限制条件下的开放。

（2）成熟度，主要指本体目前发展的稳定性及与其他本体的相关性。它通常与一些量化指标有关，如本体建立的时间、更新时间、发展状态及被其他本体引用的程度等。

（3）阶段评估，即本体是否采取了阶段性评估；评估的结果如何；阶段性的问题是否解决；有没有对本体进行阶段性训练和测试。

（4）时间成本，即本体构建是否在预期完成时间内完成。

（5）费用成本，即构建本体的费用是否在预算费用之内。

（6）本体管理，包括本体的进化管理、版本管理、存储与交换管理。要求本体有专门维护机构，有科学的理论依据与实践依据，依据学科发展和标注实践制定本体概念增、修、删的原则与标准，修改概念关联的原则与规则。本体还要不断更新版本，以实现本体的稳定运行和本体存储方式、存取性能的高效性。此外，还要遵循有关标准协议，实现不同本体间数据的相互交换。

### （三）本体的应用阶段

本体的应用阶段的评估主要内容有本体系统辅助功能、语义标注功能、语义检索功能及文本推理功能。

### 1. 本体系统辅助功能

本体系统辅助功能主要指该本体所提供的服务功能，主要包括以下内容。

（1）与用户的交互：是否提供了与用户的交互机制，使提示信息有效、直接，交互语言友好，可视化结果直观、易懂，并能够为用户的操作提供适当的引导。

（2）开放性：与本体管理工具和本体应用系统连接的难易程度，用户对本体工具使用的难易程度，是否可以免费获取及获取的方式是否快捷等。

（3）个性化服务：提供信息定制服务；提供信息推荐服务；有清晰的整体说明；有详细的功能使用说明；有信息注解、帮助信息；根据用户关注焦点来选择个性化服务。

2. 语义标注功能

语义标注实为运用本体的词汇来标注语料库、Web 资源，通过添加语义元数据，使其内容被人或机器理解。语义标注所要评估的内容是覆盖率、标注工具的效用性及标注结果的准确率。

(1) 覆盖率，是指本体中描述应用领域的概念在语料文本词汇中所占的比例。覆盖率越高，说明本体描述领域概念的程度越高。

(2) 标注工具的效用性，指检测标注工具是否支持各种类型、各种介质资源的自动标识，是否提供了本体概念和关键词标注，是否描述了元数据的标准与通用性，标注流程是否方便，且对于应用用户是否适用。

(3) 标注结果的准确率，指正确的标注结果数占标注数量的比例。准确率越高，语义标注功能越强，为进一步的语义检索奠定基础。

3. 语义检索功能

基于本体的信息检索，旨在利用本体中的概念实现对用户信息需求及资源的语义理解与分析，实现概念层面的检索，提高查询的精确率。其功能评估包含以下内容。

(1) 查准率，指系统所检索出的术语中有多大比例的术语是相关的，即检测系统实际上能够识别多少相关的术语，而不考虑它没有检索出的相关术语。精确度越高，系统就越能有效地确保已识别的术语是正确的。

(2) 召回率，指系统检索出的相关术语占总相关术语的比例，即检测有多少术语系统应该识别而实际上识别了的，不考虑有多少不合格的识别术语。召回率越高，系统就越能确保没有错过正确的术语。

(3) 自然语言处理能力，指检测系统识别用户检索语言的能力，即问答系统根据上下文的语义联系具有深层语义理解的能力。如对一词多义现象的处理，对开放域的答案抽取水平，所涉及的词法分析、句法分析、语义理解等基础处理能力。

(4) 用户满意程度，指用户对输出端结果的满意程度，即输出的结果是否为用户所提问题的答案，答案的详细程度如何，输入端与输出端的时间间隔及人机界面操作的便捷性等问题。

4. 本体用于推理

本体描述语言起源于人工智能领域对知识表示的研究，因此本体的描述语言不仅仅需要具有良好定义的语法和语义、充分的表达能力，更需要有效的推理支持。

（1）工具的有效性：推理工具是否支持多版本的语言规范；是否可以方便地访问标准语言的类及属性；是否支持基本的对 list 的处理；是否可以实现类的层级访问和使用；是否可以实现自动或半自动推理等。

（2）概念的可满足性：是否存在相应解释使得概念成立。

（3）实例检测：检测某个概念的所有实例的集合。

我们所构建的本体评估指标体系着重于本体生命周期管理，便于用户更直观地理解本体的建设过程，并对本体进行阶段性评估。用户使用该评估指标体系时，需依据评估的需求与目的，定义本体各指标的权重，在此基础上进行量化评估。对无法量化的指标，我们需采取用户调查、专家打分、黄金本体参照、描述评价等多种方法配合，尽可能使评价客观化。

# 第三节　本体评估工具

基于以上本体评估系统体系结构，为有效地实施阶段评估，提高评估效率，必须为此评估工作构建一个本体评估系统。

## 一、本体评估系统基本思路

根据系统开发的生命周期，我们认为一个完整的本体评估系统应该包括系统规划、系统分析、系统设计、系统实施及系统运行维护五个阶段，如图6-4所示。

（1）系统规划阶段。该阶段根据本体评估工作的需要，对现行本体的工作环境及目标等状况进行初步调查，对开发此评估系统的需求做出分析和预测，并充分考虑开发系统所受到的限制，研究开发评估系统的必要性和可能性。

（2）系统分析阶段。该阶段收集、整理关于本体生命周期的所有资料及数据，在现有调查资料的基础上，综合分析所收集到的资料及用户的需求，确定系统的目标和逻辑功能要求。

（3）系统设计阶段。在系统分析阶段回答了"做什么"的问题，而该阶段回答的是"如何做"的问题。这一阶段是要根据系统分析阶段得出的结论设计出本体所需要评估的指标项目及如何去实施这些评估项目。

（4）系统实施阶段。该阶段的任务是将设计出来的评估项目及实施方案付诸行动，这就涉及计算机硬件设备的购置、安装和调试，程序的编写与及系统整体调试。

（5）系统运行与维护阶段。系统实施完成之后便得到了一个可以运行的本体评估系统，通过一段时间的运行，应该对系统作进一步的修改及调试，以保证系统正常运行。

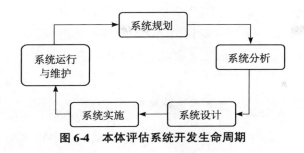

**图 6-4　本体评估系统开发生命周期**

## 二、本体评估系统基本框架

结合国内外本体研究的特点，为了有效地实施评估，我们构建了与本体评估指标体系相对应的评估辅助系统——Onto_ evaluate。Onto_ evaluate 的基本框架模型如图 6-5 所示，系统包括如下几个模块：评估项目、评估体系、本体评估及评估结果。

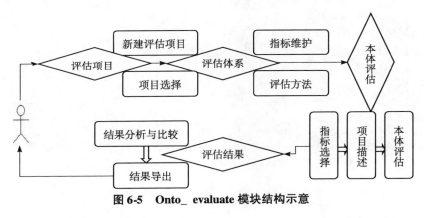

**图 6-5　Onto_ evaluate 模块结构示意**

## 三、本体评估辅助系统——Onto_ evaluate 的特点

（1）Onto_ evaluate 是一个开放的半自动化评估工具。该工具适合于任何本体用户，且用户可以免费得到并无偿使用；需要在领域专家及本体工程师参与的情况下，半自动半手工执行评估操作。

（2）Onto_ evaluate 适用于任何本体项目的评估。任何本体项目（包括国外知名本体项目）都可以在本工具中设置自己的评估项目。

（3）评估指标的随意性。用户可以根据所要评估的本体项目选择合适的评估指标进行评估操作，还可以根据自身本体的构建特色来重新划分指标的权重值。

（4）每个细分的指标都有相应的指标描述和参照标准的设置，即对具体的指标可以设定比较优秀的本体为参照标准。

（5）Onto_ evaluate 可以针对评估结果对不同本体进行分析与比较。

除此之外，Onto_ evaluate 还有直观、清晰的可视化界面便于用户操作，如图6-6 所示，为用户提供适当的引导。

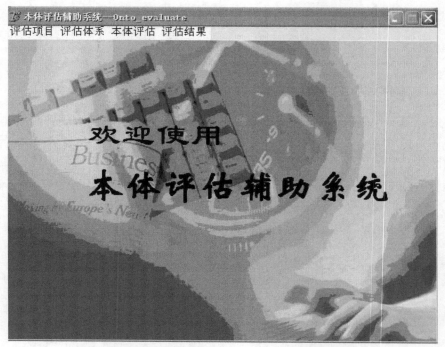

图 6-6　本体评估辅助系统—Onto_ evaluate 系统主界面

# 第四节　基于 Onto_ evaluate 的评估实施

我们在对本体评估辅助系统 Onto_ evaluate 进行测试时，是以本体模型阶段的本体概念及概念间关系为评估的实施范例的。

## 一、基于 Onto_ evaluate 的概念评估实施

以 Onto_ evaluate 为辅助平台，比较 FrameNet 与 WordNet 的本体概念的构建来对本体概念的各个评估指标进行测试。

**（一）本体概念构建的评估具体实施步骤**

（1）在评估项目一栏中点击新建项目，输入 FrameNet（FrameNet 评估结束后接着输入 WordNet，意味着将对这个本体进行评估），如图6-7所示。

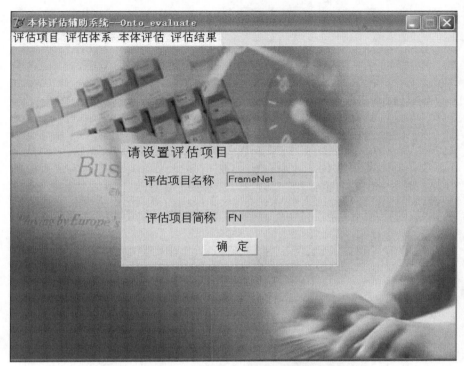

**图6-7 Onto_ evaluate 系统的新建评估项目界面**

（2）在评估体系一栏中点击指标维护，在这里可以添加、修改、删除所需要的指标，我们在进行评估测试时使用所制定的评估体系，不对其进行增删，如图6-8所示。点击指标体系浏览，可以对全部评估指标体系进行全面的浏览，以方便下一步执行指标选择。

（3）在指标选择一栏中点击指标选择，在这里我们所要评估的指标项是本体概念的完整性、正确性、共享性、概念体系的结构化及概念的可扩充性，而概念的抽象性指标的评估主要是针对顶层本体的评估，我们在这里不作具体实施。选择后我们就可以针对每个评估指标输入其具体的评估方法和措施，如图6-9所示。

**（二）概念的完整性评估**

本体中的概念应该是完整的，应该包括学科领域基本概念和重要概念；反映

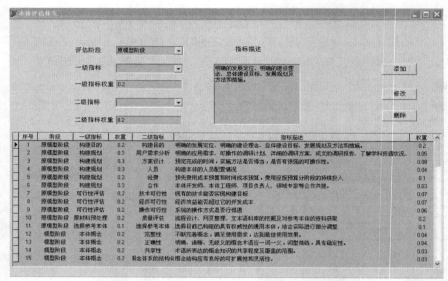

图 6-8　Onto_ evaluate 系统的指标维护界面

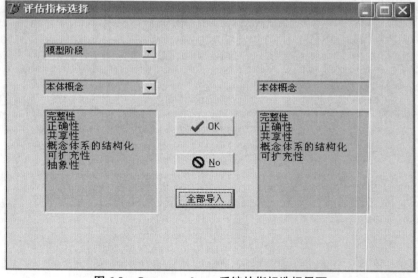

图 6-9　Onto_ evaluate 系统的指标选择界面

学科新概念和专用术语；体现交叉学科、边缘学科的所有概念。虽然这很难达到，但为了满足用户日益增长的需求应对其不断加以完善。在这里我们使用定性评估分析方法。

（1）目前 FrameNet1.3 已构建 825 个语义框架，包括 10 000 个词汇，其中 6100

多个词汇被完全标注，并已标注 135 000 多个例句，而且 FrameNet 的概念的构建一直处于不断完善的过程中，因此评估小组定性地分析了 FrameNet 的概念完整性，其分值为 2.0 分，总分为 4 分，显示为"中"的评估结果，如图 6-10 所示。

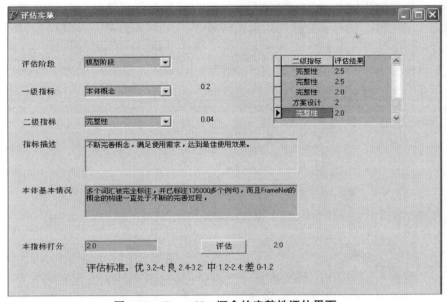

**图6-10　FrameNet 概念的完整性评估界面**

（2）WordNet 的理论基础是心理语言学。其将词分为 5 种类型：名词、动词、形容词、副词、功能词，事实上当前 WordNet 只包含四种词性，不对功能词作处理。目前 WordNet 已发展到 2.1 版，包含大约 155 327 个词条，其中名词 117 097 个、动词 11 488 个、形容词 22 141 个、副词 4601 个动词，同义词集合约有 117 597 个。WordNet 概念囊括学科概念的范围比较广，所以对 WordNet 概念完整性的评估分值为 3.6 分，评估结果为"优"。

**(三) 概念的正确性评估**

本体中的概念术语应明确、清晰、无歧义，一词一义，词型简练，具有稳定性。在进行概念的正确性评估时我们采取的评估方法是抽样调查与定性分析相结合方法。

（1）FrameNet 关注的焦点是框架而不是词元，因此缺乏有关词元之间的聚合关系。如没有明确指出词元之间的形态联系，也没有明确指出诸如同义、反义这样的语义联系。我们在 FrameNet 框架库中抽取了 50 例词汇，在评估小组的共同参与下对这 50 例进行了正确性检测，结论是 50 例词汇框架的术语都很明确、清晰且无歧义，但是有一词多义的现象，在 50 例中有两例有一词多义现象，因此评估小组通过定性的分析，认为 FrameNet 概念正确性评估的评估得分为 3.8 分，满分为 4 分，评估结果为"优"。

（2）WordNet 并不是在文本和话语篇章水平上来描述词和概念的语义的，因此缺乏相关的句法信息，其组织词汇信息的方式是基于概念的，通过将意思相近或相关的词汇组织成若干的同义词集的方式来组织词汇信息，并通过各种语义关系来表示语义信息，其表达的是浅层的语义信息。同样在对 WordNet 的 50 例词汇进行正确性检查时，得出的结论是 50 例词汇框架的术语都较明确、清晰且无歧义，同义词集的概念区分明确。其评估得分为 3.8 分，评估结果为"优"。

（四）概念共享性评估

概念共享性评估所要检测的是本体中术语所表达的概念知识、观点应该抓住的知识的共享性，也就是说，它不只是为某部分所接受，而是为整个群体所接受。开放的本体有助于促进该本体与其他本体的信息的共享及互操作性。完全开放的本体意味着该本体可以被自由使用或者扩展，而不加任何限制。一定程度的开放意味着本体提供者要求本体使用者遵循一定的使用条款及许可条件，实现部分限制条件下开放，如有些本体规定被修改或扩展时的约束条件。

（1）在 FrameNet 的官方网站 http：//framenet. icsi. berkeley. edu/中可知其是完全开放的本体，且处在不断更新的过程中，对参考 FrameNet 的本体产品没有约束和限制，这样易于跨组织地公开使用及共享，目前有日语、德语、西班牙语及汉语的 FrameNet。因此关于 FrameNet 概念共享性的评估得分为满分 3 分，评估结果为"优"。

（2）同 FrameNet 一样，在 WordNet 官方网站 http：//wordnet. princeton. edu/中，其也是完全开放的本体，且处在不断更新的过程中。因此评估得分亦为满分 3 分，评估结果为"优"。

（五）概念体系的结构化

概念体系的结构化即模块化，主要体现为本体概念的当前结构化状态及其未来的扩展性。好的概念结构表现为良好的可扩展性和灵活性，本体模块化的形式应具有易于扩展的特点。

（1）FrameNet 相对成熟，其规模在不断扩大，目前已与 SUMO、WordNet、牛津现代词典等词汇资源建立映射，主要应用于以下自然语言处理领域：词典编撰、词的歧义、语义分析、机器问答、信息抽取、机器翻译等。对此项指标的评估得分为 2.3 分，满分为 3 分，结果为"良"。

（2）与 FrameNet 相比，WordNet 更成熟，词汇覆盖面也比与 FrameNet 广，其

属于重量级本体，目前已经与多个本体映射，其主要的应用领域有词义标注、基于词义分类的统计模型、基于概念的信息检索及信息抽取、文本校对、知识推理、概念建模等。对此项指标的评估得分为 2.6 分，满分为 3 分，结果为"优"。

（六）概念可扩充性评估

本体概念可扩充性的评估主要表现为在本体的发展及应用过程中应该能加入新的概念。良好的可扩充性使得本体能够随着概念的不断增加而不断完善，同时这样的本体也很容易对其进行概念的修改和删除。好的概念结构表现为良好的可扩展性和灵活性，因此，概念体系的结构化应与概念的可扩充性评估结合起来。

（1）在 FrameNet 的官方网站中可下载到文档 Book1 和 Book2，在 Book1 的描述中 FrameNet 有 625 个框架、8900 个词汇，与 Book1 相比，Book2 描述 FrameNet 825 个框架、10 000 个词汇，目前 FrameNet 已经发展到版本 1.3，相信随着研究的进一步深入，FrameNet 势必会发展出更高一级的版本。那么我们认为 FrameNet 的概念有高度的可扩展性，评估分值为 2.8 分，满分为 3 分，评估结果为"优"。

（2）目前 WordNet 已经更新到 3.0 版，其历经了多个版本的发展，因此评估分值为 2.8 分，评估结果为"优"。

（七）本体概念评估结果比较

综上所述，在对 FrameNet 和 WordNet 概念的评估中我们得到这样评估结果，如表 6-2 所示。

表 6-2 FrameNet 和 WordNet 的概念评估结果对比

| 评估项目 | 评估指标 | | | | | | |
|---|---|---|---|---|---|---|---|
| | 完整性 | 正确性 | 共享性 | 结构化 | 可扩充性 | 最终分（满分17分） | 最终结果 |
| FrameNet | 2 | 3.8 | 3 | 2.3 | 2.8 | 13.9 | 优 |
| WordNet | 3.6 | 3.8 | 3 | 2.6 | 2.8 | 15.8 | 优 |

## 二、基于 Onto_ evaluate 的本体概念间关系的评估实施

对本体概念间关系进行评估时，我们主要以 FrameNet 概念间关系为主要研究对象，并辅以与 WordNet 概念间关系的对照进行评估。对概念间关系进行详细研究的主要意义在于三个方面（Morato et al.，2004）。

（1）促进概念的易理解性和构建的灵活性。一个较复杂的概念的意义可以通过一个现有的容易理解的概念来阐明，这样就使概念间（和它们的概念元素及语义类型）的关系进入一个逐渐完善的过程。

（2）便于实现自然语言理解。概念间关系的构建使得多个概念之间建立联系，

通过这种语义联系，便于计算机明确词汇的含义，确定词汇所属的概念类型，进而在词义消歧、机器翻译、信息抽取或问答系统中发挥作用。

（3）在 Onto_ evaluate 中，本体概念间关系的实施步骤与本体概念构建的评估实施步骤相同。

## （一）概念间关系的一致性检测

本体概念间关系的一致性检测主要是概念间关系逻辑的一致性检测。我们使用的评估方法是抽样调查法与定性分析相结合的方法。

（1）FrameNet 语义关系较为丰富，是目前唯一具有高层次的丰富语义信息的词汇资源。在 FrameNet 中，任何框架关系都是有向的关系，在两个框架之间，低依赖性或高概括性的框架称为上位框架，而另一个称为下位框架。对其进行实例抽取的 40 例中，全部通过了一致性检测。因此，结合定性的本体分析，在对 FrameNet 框架间关系的一致性检测中，打分值为满分 6 分，并显示为一个"优"的评估结果。

（2）WordNet 以词为基本的组织单位，基于同义词集的方式来组织体系结构。在不同词性中，具体的组织形式又有所不同。名词是利用词典存储中主题的等级层次来组织的，动词是按各种搭配关系来组织的，形容词和副词主要按照同义、反义关系组织。同样抽取 40 例实例中，全部通过了一致性检测，打分值为满分 6 分，评估结果也为"优"。

## （二）概念间关系的完整性评估

概念间关系的完整性评估检测的是概念间关系是否囊括了学科所有概念的概念间关系及概念间关系的类别是否完整。我们使用定性评估分析方法。

（1）如同概念的完整性评估一样，FrameNet 以框架为核心，以真实语料库为基础，在其概念间的八种关系基本囊括了概念间关系的所有类别，而且 FrameNet 的关系构建一直处于不断完善的过程中，因此 FrameNet 概念间关系的完整性的分值为 2.8 分，总分为 3 分，评估结果为"优"。

（2）WordNet 的理论基础是心理语言学。WordNet 概念间的关系类型囊括本学科概念的范围也比较小，关系的类别也并不完整，其主要是在同义词集之间通过大量的关系来表达语义信息，但缺乏不同词类词语间的关系。所以对 WordNet 概念间关系完整性的评估分值为 1.5 分，评估结果为"中"。

## （三）概念间关系的可扩展性评估

本体概念具有可扩充性，相应的概念间关系也应具有可扩展性，我们用定性分析的方法来研究可扩展性，以便在本体应用或发布后进行及时的增加和修改。

（1）FrameNet 概念间关系最初只有六种，即总分关系、继承关系、使用关系、原因关系、起始关系及参见关系，后增加了两种关系，先于关系和视角关系。随着其研究的进一步深入，FrameNet 势必会发展出更高一级的版本，我们认为FrameNet 的概念间关系具有高度的可扩展性，评估分值为 2.6 分，满分为 3 分，评估结果为"优"。

（2）目前 WordNet 已经更新到2.1 版，其概念的扩充意味着概念间关系也有了相应的增加和修改，但由于 WordNet 概念间关系的完整性有待提高，其可扩展性的概率也比较大，所以评估应与完整性结合评估，分值为2.3 分，结果为"良"。

（四）概念间关系的唯一性评估

本体概念间关系应具有唯一性，即概念与概念间只存在一种关系。我们采用的是抽样调查及实例取证法。

（1）在对 100 例 FrameNet 概念进行抽样并取证时，这 100 例概念 100% 通过了概念间关系的唯一性检测，所以 FrameNet 概念间关系是唯一的。得分为满分 3 分，评估结果为"优"。

（2）同样对 WordNet 的 100 对概念进行抽样取证时，有37 对概念间存在着两种或两种以上的关系，如"给予"、"赠送"在 WordNet 中不仅体现为上下位的层级关系，也体现为同义关系。但是这种关系的不唯一性并非是错误的，这也是WordNet 概念间关系的分类体制的结果，即 WordNet 并不像 FrameNet 体现为框架与词汇之间、框架与框架之间、框架元素与框架元素之间丰富的语义关系。该项指标的得分为2.3 分，评估结果为"良"。

（五）概念间关系评估结果比较

综上所述，FrameNet 和 WordNet 在概念间关系的评估中我们得到这样的评估结果，如表6-3 所示。

表6-3　FrameNet 和 WordNet 概念间关系评估结果对比

| 评估项目 | 评估指标 | | | | | |
|---|---|---|---|---|---|---|
| | 一致性 | 完整性 | 可扩展性 | 唯一性 | 得分（满分为 15 分） | 结果 |
| FrameNet | 6 | 2.8 | 2.6 | 3 | 14.4 | 优 |
| WordNet | 6 | 1.5 | 2.3 | 2.3 | 12.1 | 优 |

# 参考文献

曹泽文，钱杰，张维明，等.2006. 一种改进的本体映射方法. 科学技术与工程，(19)：3078 ~ 3082.

曹志松，曹文君.2004. 基于语义 Web 实现有效 Web 信息检索的研究. 复旦学报（自然科学版），(6)：422 ~ 427.

陈琮.2005. 基于 Jena 的本体检索模型设计与实现. 武汉：武汉大学硕士研究生毕业论文.

陈康，武港山.2005. 基于 Ontology 的信息检索技术研究. 中文信息学报，(2)：51 ~ 57.

成敏，鞠海燕.2005. 基于混合策略的中文查询串相似度计算. 情报杂志，11：103 ~ 105, 107.

董发花，黄宏斌，邓苏，等.2007. 跨本体概念间相似度的计算方法——MD4 模型. 科学技术与工程，(7)：5273 ~ 5277.

胡凤国.2007. 多层级一体化语料库管理系统的开发//萧国政，何炎祥，孙茂松. 中国计算技术与语言问题研究——第七届中文信息处理国际会议论文集. 北京：电子工业出版社：263 ~ 266.

冯百才.2001. 语义类型与翻译. 北京第二外国语学院学报，(6)：14 ~ 20.

李彬，刘挺，秦兵，等.2003. 基于语义依存的汉语句子相似度计算. 计算机应用研究，20（12）：15 ~ 17

李景.2005. 本体理论在文献检索系统中的应用研究. 北京：北京图书馆出版社：43 ~ 44.

刘红阁，郑丽萍，张少方.2005. 本体论的研究和应用现状. 情报技术快报，3（1）：1 ~ 12.

刘开瑛.1991. 自然语言处理. 北京：科学出版社：50 ~ 62.

鲁松，白硕，黄雄，等.2001. 基于向量空间模型的有导词义消歧. 计算机研究与发展，38（6）：662 ~ 667.

陆建江，张亚菲，苗壮，等，2007. 语义网原理与技术. 北京：科学出版社：33.

吕学强，任飞亮，黄志丹，等.2003. 句子相似模型和最相似句子查找算法. 东北大学学报（自然科学版），24（6）：531 ~ 534.

聂规划，左秀然，陈冬林.2008. 本体映射种一种改进的概念相似度计算方法. 计算机应用，28（6）：1563 ~ 1565.

宋北平.2008. 我国第一个"法律语言语料库"的建设和思考. 修辞学习，(1)：24 ~ 29.

宋俊峰，李国微.2003. 信息检索算法评价指标的分析与改进. 小型微型计算机系统，(10)：1800 ~ 1803.

宋炜，张铭.2004. 语义网简明教程. 北京：高等教育出版社.

穗志方，俞士汶.1998. 基于骨架依存树的语句相似度计算模型//黄昌宁.1998 中文信息处理国际会议论文集. 北京：清华大学出版社：458 ~ 465.

王长胜，刘群.2002. 基于实例的汉英机器翻译系统研究与实现. 计算机工程与应用，8（388）：126 ~ 127.

王惠, 詹卫东, 刘群. 1998.《现代汉语语义词典》的概要及设计//黄昌宁. 1998 中文信息处理国际会议论文集. 北京: 清华大学出版社: 361~367.

向阳, 王敏, 马强. 2007. 基于 Jena 的本体构建方法研究. 计算机工程, 33 (14): 59~61.

杨海燕. 2007. 法律语料库建设设想. 术语标准化与信息技术, (1): 40~43.

杨琳琳. 2007. 语义框架在词汇、语义现象中的运用. 怀化学院学报, 26 (5): 125~126.

姚天顺, 张俐, 高竹. 2001. Wordnet 综述. 语言文字应用, (1): 27~32.

张晨彧, 穆斌. 2006. 语义 Web 中的语义度量与本体映射. 合肥工业大学学报 (自然科学版), (3): 300~304.

Alexander M, Steffen S. 2001. Ontology learning for the semantic web. IEEE Inteligence System, 16 (2): 72-79.

Bahadorreza O, John Y, Ranadhir G. 2007. A within frame ontological extension on FrameNet: application in predicate chain analysis and question answering//orgun M A, Thornton J C. AI' 07 Proceedings of the 20th Astralian Joint Conference on Advances in Artificial Intelligence. Heidelberg: Springer-Verlag Berlin: 404~414.

Borst W N. 1997. Construction of engineering ontologies for knowledge sharing and reuse. PhD thesis, Enschede: University of Twente.

Budanitsky A, Graeme H. 2006. Evaluating wordNet-based measures of lexical semantic relatedness. Computational Linguistics, 32 (1): 13~47.

Chang N, Srini N, Miriam R L, et al. 2002. From frames to inference. // The Association of computtaional Linguistics. Proceedings of the First International Workshop on Scalable Natural Language Understanding. Heidelberg: European Media Laboratory GmbH: 3~6.

Charles J F, Christopher R J, Miriam R L, et al. 2003. Background to framenet. International Journal of Lexicography, 16 (3): 235~250.

Colin F B, Charles J F, Beau C. 2003. The structure of the FrameNet datebase. International Journal of Lexicography, 16 (3): 297-332.

Collin B. 2007. Welcome to Release 1. 3 of the FrameNet data. http: //framenet. icsi. berkeley. edu/fnUsers/currentUsers [2007-02-01].

Dan S, Mirella L. 2007. Using semantic roles to improve question answering//Jason Eisner. Proceedings of the joint conference on empirical methods in natural language processing and computational natural language learning. Prague: Association for Computational Linguistics, 12~21.

Dvaie J, Fensel D. 2003. Towards the Semantic Web: Ontology-driven Knowledge Management. Brisbane: John Wiley & Sons. Inc.

Grigoris A, Frankvan H. 2004. A Semantic Web Primer. Massachusetts: the MIT Press Carmbridge.

Gruber T R. 1993. A translation approach to pportable ontologies. Knowledge Acquisition, 5 (2): 199~220.

Gruber T. R. 1995. Towards principles for the design of ontologies used for knowledge sharing. International Journal of Human-Computer Studies, 43 (5-6): 907~928.

Guarino N. 1998. Formal Ontology in Information Systems. // The Italian National Research Council. Proceedings of FOIS' 98. Amsterdam: IOS Press: 3~15.

Janez B, Marko G, Dunja Ml. 2005. A survey of ontology evaluation techniques // Jozef Stefan Institute. Proceedings of the Conference on Data Mining and Data Warehouses. Ljubljana: Citeseer: 166~170.

Jan S, Adam P, Michael E. 2007. Linking framenet to the suggested upper merged ontology, http: // framenet. icsi. berkeley. edu/ [2009－07－20].

Jens H, Peter S, Alain G, et al. 2004. Methods for ontology evaluation. http: //www. starlab. vub. ac. be/research/projects/knowledgeweb/KWeb-Del-1. 2. 3-Revised-v1. 3. 1. pdf [2008－01－05].

Josef R, Michael E, Miriam R L, et al. 2007. FrameNet II: extended theory and practice . http: // framenet. icsi. berkeley. edu/book/book. pdf [2009－05－16].

Lee T B. 1999. Weaving the Web. London: Orion Books.

Ljiljana S, Nenad S, Jorge G, et al. 2003. Ontomanager-a System for the usage-based ontology management. Lecture Notes in Computer Science, 2888: 858~875.

Matthew H, Holger K, Alan R, et al. 2004. A Practical Guide To Building OWL Ontologies Using The Proteg e-OWL Plugin and CO-ODE Tools Edition 1. 0. 50. http: //home. skku. edu/ ~ samoh/class/ sw/ProtegeOWLTutorial. pdf [2007－09－22].

Mike U, Michael G. 1995. Ontologies principles methods and applications. Knowledge Engineering Review, 11 (2): 93~155.

Miller G A, Beckwith R, Fellbaum C , et al. 1990. Introduction to WordNet: an on-line lexical database. International Journal of Lexicography, 3 (4): 235~312.

Miriam F, Iván C, Pablo C. 2006. CORE: a Tool for Collaborative Ontology Reuse and Evaluation. // Carr L, Roure D D, Iyengar A, et al. Proceedings of the 4th International Workshop on Evaluation of Ontologies for the Web (EON 2006), Edinburgh: KnowledgeWeb and SEKT: 1~9.

Morato J, Llorens J, Moreiro J A, et al. 2004. WordNet Applications// Petr S, Karel P, Pavel S, et al. Proceedings of the Second International WordNet Conference—GWC 2004. Brno: Masaryk University: 270~278.

Noy N. F, McGuinness D. l. 2001. Ontology Development 101: a guide to creating your first ontology. http: //www. sti-innsbruck. at/fileadmin/documents/sws_ ss09/tutorial/2-ontology_ development. pdf [2008－02－01].

Oscar C, Asunción G, Rafael G C, et al. 2004. a tool for evaluating RDF (S), DAML+OIL, and OWL concept taxonomies// Max B, Vladan D. Proceedings of the First IFIP Conference on Artificial Intelligence Applications and Innovations (AIAI2004) . Toulouse: Kluwer Academic Publishers: 369~382.

Perez A G, Benjamins V R 1999. Overview of knowledge sharing and reuse components: ontologies and problem-solving methods// Richard B. Proceedings of IJCAI-99 Workshop on Ontologies and Problem-Solving Methods: Lessons Learned and Future Trends. Stockholm: University of Amsterdam: 1~15.

Poole J, Campbell J A. 1995. A novel algorithm for matching conceptual and related graphs// Gerard E, Rebort L, William R, et al. Proceedings of the 3th International Conference on conceptual structrues: Application, Implementation and Theory. London: Springer-verlag: 293 ~ 307.

Princeton University. 2009. WordNet Search3. 0. http: //wordnetweb. princeton. edu/perl/webwn [2009 - 03 - 05].

Sabou M, Lopez V, Motta E, et al. . 2006. Ontology selection: ontology evaluation on the real Semantic Web// Carr L, Roure D D, Iyengar A, et al. Proceedings of the 4th International Workshop on Evaluation of Ontologies for the Web (EON 2006), Edinburgh: KnowledgeWeb and SEKT: 22 ~ 30.

Samir T, Budak A , Amit P S. 2005. Ontology Evaluation and Validation: an integrated formal model for the quality diagnostic task. Technical Report, Laboratory for Applied Ontology.

Samir T, Budak A, Michael M, et al. 2005. OntoQA: Metric-Based Ontology Quality Analysis. // Caragea D, Honavar V, Muslea I, et al. Proceedings of the Workshop on Knowledge Acquisition from Distributed, Autonomous, Semantically Heterogeneous Data and Knowledge Sources at IEEE International Conference on Data Mining, Halifax: Saint Mary' s University: 45 ~ 53.

Schuler K K. 2005. Verbnet: A Broad-coverage comperhensive verb lexicon. Doctor Degree paper. Pennsylvania : University of Pennsylvania.

Schuler K K. 2006. VerbNet: extensions and mappings to other lexical resources. http: //www. coli. uni-saarland. de/projects/salsa/workshop/contents/workshop_ slides/slides4. pdf [2007 - 1 - 4] .

SEKT. 2006. Semantic Knowledge Technologies. http: //www. sekt-project. com [2008 - 03 - 02] .

Shi L, Mihalcea, R. 2005. Putting Pieces Together: combining FrameNet, VerbNet andWordNet for robust semantic parsing// Alexander F. Gelbukh, Proceedings of 6th International Conference on Inteligent Text Processing and ComputationalLinguistics, Mexico: Springer-Verlag: 100 ~ 111.

Studer R, Benjamins V. R, Fensel D. 1998. Knowledge engineering, principles and methods. Dataand Knowledge Engineering , 25 (1-2): 161 ~ 197.

University of California, Berkeley. 2006. FrameNet. http: //framenet. icsi. berkeley. edu/ [2006 - 11 - 25] .

University of Colorado. 2007. Unified Verb Index. http: //verbs. colorado. edu/verb-index/ [2007 - 07 - 04] .

W3C. 2001. W3C Semantic Web Activity. http: //www. w3. org/2001/sw/ [2009 - 08 - 10] .

W3C. 2004. OWL Web Ontology Language Guide. http: //www. w3. org/TR/2004/REC-owl-guide-20040210/ [2008 - 09 - 30] .

W3C. 2004. OWL Web Ontology Language Overview. http: //www. w3. org/TR/owl-features/ [2007 - 09 - 03] .

W3C. 2006. RDF Primer. http: //www. w3. org/TR/rdf-primer/ [2006 - 07 - 10] .

Zhong J W, Zhu H P, Li J M, et al. 2002. Conceptual Graph Matching for Semantic Search // In Proceedings of the 10th International Conference on Conceptual Structures. London: Springer-Verlag: 92 ~ 196.

Zhu H P, Zhong J W, Li J M, et al. 2002. An Approachfor Semantic Search by Matching RDF Graphs // Proceedings of the Fifteenth International Florida Artificial Intelligence Research Society Conference, Palo Alto: AAAI Press: 450~454.